软件性能测试

LoadRunner

性能监控与分析实例详解

王靖　詹胜　李卓娜◎编著

U0385684

LoadRunner

清華大学出版社

北京

内 容 简 介

本书在介绍软件性能测试概念的基础上，结合对实际测试案例的剖析，重点讲解性能测试实战技术、LoadRunner 工具的使用技巧和应用于实际工作中能够解决的问题。全书共分为 8 章，系统地介绍了性能测试概述及流程、LoadRunner 相关基础知识及基本概念、LoadRunner-Vugen 模拟用户行为、为负载准备测试脚本、LoadRunner-Controller 负载生成及运行场景、学习系统性能测试案例等内容。

本书适合软件性能测试初学者，也可作为本专科院校计算机相关专业师生的必备教材，同时也适合有一定 LoadRunner 基础的测试工程师阅读。

图书在版编目(CIP)数据

软件性能测试：LoadRunner 性能监控与分析实例详解/王靖，詹胜，李卓娜编著. —北京：清华大学出版社，2022.8 (2024.2 重印)

ISBN 978-7-302-59949-4

Ⅰ. ①软… Ⅱ. ①王… ②詹… ③李… Ⅲ. ①性能试验—软件工具，LoadRunner—高等学校—教材 Ⅳ. ①TP311.56

中国版本图书馆 CIP 数据核字(2022)第 019042 号

责任编辑：魏 莹
封面设计：李 坤
责任校对：周剑云
责任印制：沈 露

出版发行：清华大学出版社
　　　　　网　　　址：https://www.tup.com.cn, https://www.wqxuetang.com
　　　　　地　　　址：北京清华大学学研大厦 A 座　　　邮　　　编：100084
　　　　　社 总 机：010-83470000　　　　　　　　　邮　　　购：010-62786544
　　　　　投稿与读者服务：010-62776969, c-service@tup.tsinghua.edu.cn
　　　　　质量反馈：010-62772015, zhiliang@tup.tsinghua.edu.cn
印 装 者：三河市龙大印装有限公司
经　　　销：全国新华书店
开　　　本：185mm×230mm　　　印　　张：18.75　　　字　　数：408 千字
版　　　次：2022 年 8 月第 1 版　　　　　　　　印　　次：2024 年 2 月第 2 次印刷
定　　　价：79.00 元

产品编号：080789-01

前言

对于互联网应用软件，性能是评价软件质量的一个非常重要的因素之一。作为评测软件性能的重要手段，软件性能测试已经广为人们所熟悉，并受到很高的关注。一般而言，软件性能测试都是在项目的后期才开展，被测试的对象通常是已经具备一定稳定性的产品。而实际上，软件性能测试应贯穿于整个软件生命周期，和功能测试一样。

软件性能测试的目的是为了验证软件系统是否达到了用户提出的性能指标，同时发现系统中存在的性能瓶颈，起到优化系统的目的。软件性能测试是一个持续改进的过程，也是一份充满挑战的工作；在工作中会涉及硬件平台、操作系统、数据库、缓存、中间件、应用架构、系统程序等方面的知识，广度与深度并重。

目前市面上纯性能测试的岗位逐渐被淘汰，从阿里、腾讯的岗位来看，纯性能测试的岗位已经不存在了，而一般的性能测试工作主要由开发人员去做，或者由具有开发能力的测试人员来做：通过白盒测试保证代码的性能；通过基准测试了解基础组件的性能，验证架构或基础组件的性能极限、扩展、灾备等情况的状态；结合业务测试业务链做链路测试(侧重于容量和配置)。最终目的是使测试人员成为拥有以性能为主导的产品架构设计能力、测试工具的设计和实现能力、代码运行和调试能力和测试理论于一身的"神级存在"。

在未来，随着人工智能和大数据甚至新能源、航空航天事业的发展，对系统性能的要求越来越高，对性能测试也带来更高更新的挑战，而人类面临的顶级问题基本都是性能问题，比如 CPU 的计算能力、人工智能的算法能力、能源的利用率等。

本书共分为 8 章，具体内容如下：第 1 章和第 2 章主要介绍性能测试的定义和基本流程，使读者对性能测试有一个基本的了解；第 3 章开始介绍性能测试工具；第 4 章引入 LoadRunner 的学习路径；第 5、6、7 章，对应第 4 章的学习过程，逐步介绍 LoadRunner

的 Vugen、Controller 和 Analysis 三大重要内容，也是 LoadRunner 实施性能测试的三个重要步骤，并在每一小节中都通过实例讲解应用细节，使读者不仅了解概念和原理，还可以学会在实际中怎么使用，在每一章的最后一节，列举了实际使用中可能遇到的问题及解决方案，供读者在学习过程中查阅；第 8 章通过一个实例，结合本书中介绍的方法，完整演绎了一个实际项目的性能测试全过程，读者可根据其中详细的步骤对照实践，提升对性能测试的理解。在本书最后，提供了有关 LoadRunner 的性能监控方法和工具应用，以备读者查阅。

本书特色如下：

(1) 重点突出、理论与实践相结合，使读者在学习理论后，及时在实例中尽快理解掌握。

(2) 实例典型、步骤详细、讲解直观，使读者对照本书的操作过程，即可掌握 LoadRunner 在实际项目测试中的使用方法。

(3) 在介绍工具使用方法的同时，更加注重如何达成性能测试目标的讲解，使读者对性能测试的认识逐步提升。

本书由唐山师范学院的王靖、詹胜、李卓娜三位老师编写，其中第 1、2、3、4、5 章由王靖老师编写，第 6、7、8 章由詹胜老师编写。李卓娜老师负责本书统稿工作。

由于编者水平有限，加上时间仓促，书中难免有一些不足之处，欢迎同行和读者批评指正。

编　者

目录

第 1 章

性能测试概述

　　性能测试是通过自动化的测试工具模拟多种正常、峰值以及异常负载条件来对系统的各项性能指标进行测试。负载测试和压力测试都属于性能测试，两者可以结合进行。通过负载测试，确定在各种工作负载下系统的性能，目标是测试当负载逐渐增加时，系统各项性能指标的变化情况。压力测试是通过确定一个系统的瓶颈或者不能接受的性能点，来获得系统能提供的最大服务级别的测试。

1.1 什么是性能测试

系统的性能是一个比较宽泛的概念,对一个软件系统而言,性能测试主要是对这些方面进行测试:交易执行效率、系统资源占用、系统稳定性、安全性、兼容性、可靠性、可扩展性等。

由于在软件的实际使用场景中,存在多用户同一时间做同一笔交易的情况,此时对于服务器来说系统压力会明显增大,导致交易的响应时间变长、报错甚至系统崩溃,因此在这种情况下就需要以当前的系统资源最大限度地满足软件使用者的操作体验及性能要求,性能测试扮演的角色就是验证软件系统是否能够达到使用者提出的性能指标,并发现软件系统中存在的性能瓶颈,最后起到优化系统的目的。

1.2 性能测试指标

性能测试指标包括以下几项。

(1) 并发用户数(Concurrent User):是指单位时间内向服务器发起请求的用户数,用于模拟真实用户向服务器发起请求的性能测试虚拟用户数量。有别于系统用户数(注册过该系统的存量用户总数)和在线用户数(正在访问该系统并保持登录状态的用户数)。

(2) 事务响应时间(Transaction Response Time):是指用户请求的开始时间和服务器返回内容到客户时间的差值,也称为用户操作响应时间。

如图 1-1 所示,这里描述了一个 Web 应用的页面响应时间的构成,从图中可以看出,页面的响应时间可以被分解为"网络传输时间"(N1+N2+N3+N4)和"应用延迟时间"(A1+A2+A3),而"应用延迟时间"又可以被分解为"数据库延迟时间"(A2)和"应用服务器延迟时间"(A1+A3)。

(3) 平均响应时间(Average Response Time,ART):指在一段时间内事务的平均响应时间,可以更加客观地反映出事务响应时间。ART 是性能测试中重点关注的指标。

(4) 每秒事务数(Transactions Per Second,TPS):客户端每秒发送并接收到对应响应的事务个数。TPS=脚本运行期间的事务总数/脚本运行时长。TPS 反映了系统在单位时间内处理事务的能力,这个值的高低,说明了系统处理事务能力的高低。服务器性能、代码处理能力、网络等因素都可对 TPS 产生影响。

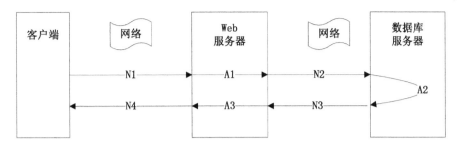

图 1-1　Web 应用相应时间构成

(5) 资源使用率：是指对不同系统资源的使用程度，如 CPU 使用率、内存使用率、磁盘 I/O 等。

(6) 吞吐量(Handling Capacity)：是指在性能测试过程中从服务器获得的数据总量，单位是字节。依据服务器的吞吐量来评估并发产生的负载量，评估服务器在流量方面的处理能力以及是否存在瓶颈。

(7) 点击率(Hits Per Second, HPS)：是指虚拟并发用户每秒向 Web 服务器提交的 HTTP 请求数。需要注意的是点击数不是鼠标单击次数，而是客户端向 Web 服务器发起的 HTTP 请求数，鼠标单击一次可触发多个 HTTP 请求。

(8) 交易成功率(Transaction Success Rate)：指多用户对一笔交易发起操作时交易成功的概率，一般都需要达到 99.9%以上。

1.3　性能测试的常见术语

性能测试常见术语及解释如下。

(1) 事务(Transaction)：是指用户在客户端做一种或多种业务的操作集合，也译作交易。通过事务函数可以标记出该业务所需要操作的内容；另一方面，事务可以用来统计用户操作的响应时间，每个事务都包含事务开始和事务结束标记。

(2) 关联(Correlation)：是指把脚本中某些数据，转变成取自服务器的、动态的、每次都不一样的数据。在脚本回放过程中，客户端发出请求，通过关联函数所定义的关联规则，在服务器所响应的内容中查找，得到相应的值，以变量的形式替换录制时的静态值，从而向服务器发出正确的请求。

(3) 参数化(Parameterization)：是将单一的输入数据变得丰富、灵活多变，以满足多虚拟用户运行的情况，从而更加真实地模拟实际操作。

(4) 思考时间(Think Time)：从业务角度看就是用户在操作时每个请求之间的间隔时间。对于交互式的应用来说，用户在使用系统时不可能间断地发出请求，正常的模式应该是用户在发出一个请求后，等待一段时间，再发出下一个请求。添加思考时间的目的是更真实地模拟实际情况。

(5) 检查点(Checkpoint)：一般包含在响应报文中，用来判断事务的返回是否符合预期的字段值，检查点的设置可直接影响事务的成功或失败。

(6) 集合点(Rendezvous)：脚本的运行随着时间的推移，并不能完全达到同步。这个时候需要以手工的方式让用户在同一时间点上进行操作来测试系统并发处理的能力，而集合点函数就可以实现这个功能。

(7) 进程(Process)和线程(Thread)：进程是表示资源分配的基本单位，又是调度运行的基本单位。线程是进程中执行运算的最小单位，亦即执行处理机调度的基本单位。如果把进程理解为在逻辑上操作系统所完成的任务，那么线程表示完成该任务的许多可能的子任务之一，是进程内的一个执行单元；进程至少有一个线程；线程共享进程的地址空间，而进程有自己独立的地址空间。

(8) Session 和 Cookies：Session 是客户端与服务器之间的会话，用来保存用户的信息，通常存放在服务器上，存放时间较短，Session 过多会增加服务器的压力。Cookies 指某些网站为了辨别用户身份、进行 Session 跟踪而储存在用户本地终端上的数据(通常经过加密)，通常存放在客户端，可保存很长时间，但不安全。Session 和 Cookies 有很多相似的地方，都是用来临时存储来访者信息的，在很多情况下，使用两者都可以实现某些特定功能。

1.4　性能测试方法

通常的性能测试方法包括负载测试、压力测试、配置测试、并发测试、可靠性(稳定性)测试、失效恢复测试等 6 种。

1.4.1　负载测试

1. 定义

负载测试(Load Testing)是指在一定的软硬件及网络环境下，执行一个或多个事务不断地对被测系统增加压力，直到性能指标达到并超过预定指标(如响应时间、TPS 等)或者某种资源已经达到饱和的使用状态。使用这种测试方法通常可以找到系统处理事务的极限。

2. 特点

负载测试的特点包括以下几个方面。

(1) 负载测试的主要目的是找到系统处理能力的极限，例如可描述为"在某条件下最多允许 100 个用户并发访问"，"在某条件下一小时内最多处理 2000 条数据"。

(2) 负载测试的测试环境确定，也需要考虑被测系统的业务压力量和典型场景，使得测试结果具有业务上的意义。

(3) 负载测试一般用来了解系统的性能容量，或是配合性能调优来使用。

1.4.2　压力测试

1. 定义

压力测试(Stress Testing)是指在一定的软硬件及网络环境下，模拟大量的虚拟用户向指定服务器发送请求使之产生压力——使服务器的资源(如 CPU、内存、I/O 等)在处于饱和或极限状态下，长时间连续运行，以测试系统处理会话的能力，以及系统是否会在这段时间内出现错误或者崩溃。

2. 特点

压力测试的特点包括以下几个方面。

(1) 压力测试的主要目的是检查系统处于压力情况下时应用的性能表现。

(2) 压力测试一般通过模拟负载等方法，使得系统的资源使用达到较高的水平。除 CPU 和内存使用率外，Java 虚拟机(JVM)可用内存、数据库连接数、数据库服务器 CPU 使用率等都可以作为测试压力的依据。

(3) 压力测试可用于测试系统的稳定性。基于这种原理：如果一个系统能够在压力环境下稳定运行一段时间，那么这个系统在平时的运行条件下也是没有问题的。

1.4.3　配置测试

1. 定义

配置测试(Configuration Testing)是指在一定的软硬件及网络环境下，执行一个或多个事务，在一定的虚拟用户数量情况下，通过对被测系统的软硬件环境的调整，了解各种不同配置对系统性能的影响程度，从而找到系统对各项服务器资源的最优分配原则。

2. 特点

配置测试的特点包括以下几个方面。

(1) 配置测试的主要目的是了解各种不同因素对系统性能影响的程度，从而判断出最值得进行的调优操作。

(2) 配置测试一般在对系统性能状况有初步了解后进行，在确定的环境、操作步骤和压力条件下进行，比较每次的测试结果，找出影响最大的因素。

(3) 配置测试一般用于性能调优和规划能力。

1.4.4 并发测试

1. 定义

并发测试(Concurrent Testing)是指通过模拟多个用户并发访问一个应用、存储过程或者数据记录等其他并发操作，需要专门针对项目的每个模块进行并发测试来验证是否存在数据库死锁、数据错误、重复请求、内存溢出等问题。

2. 特点

并发测试的特点包括以下几个方面。

(1) 并发测试的主要目的是发现系统中可能隐藏的并发访问时的问题。

(2) 并发测试主要关注系统可能存在的并发问题，例如内存泄露、线程锁和资源竞争方面的问题。

(3) 并发测试可在开发的各个阶段使用，需要相关的测试工具配合和支持。

3. 关注的问题

通常在并发测试中需要关注的问题如表 1-1 所示。

表 1-1 并发测试需要关注的问题

问题类型	问题描述
内存问题	是否有内存泄露(C/C++)
	是否有太多的临时对象(Java)
	是否有太多的超过设计生命周期的对象(Java)

续表

问题类型	问题描述
数据库问题	是否有数据库死锁(Dead Lock)
	是否经常出现长事务(Long Transaction)
线程/进程问题	是否出现线程/进程同步失败
其他问题	是否出现资源竞争导致的死锁
	是否没有正确处理异常(例如超时)导致系统死锁

1.4.5 可靠性(稳定性)测试

1. 定义

可靠性(稳定性)测试(Reliability Testing)是指通过给系统一定的业务压力(如服务器资源使用率在 70%～90%)的情况下，让应用持续运行较长的一段时间，测试系统在这种压力下是否能够稳定运行。

2. 特点

可靠性(稳定性)测试的特点包括以下几个方面。

(1) 可靠性测试的主要目的是验证系统是否支持长期稳定的运行。

(2) 可靠性测试需要在压力下持续一段时间的运行(非关键应用，一般进行 3 天 24 小时不间断的稳定性测试即可)。

(3) 测试过程中需要关注系统的运行状况，如果发现随着时间的推移，RT 或者资源使用率有明显波动，则可能是不稳定的前奏。

1.4.6 失效恢复测试

1. 定义

失效恢复测试是针对有冗余备份和负载均衡的系统设计的，可以用来检验如果系统局部发生故障，用户是否能够继续使用系统，以及会受到多大的影响。

2. 特点

失效恢复测试的特点包括以下几个方面。

(1) 失效恢复测试的主要目的是验证在局部故障的情况下，系统能否继续使用。

(2) 失效恢复测试需要给出当问题发生时，能支持多少用户访问和采取何种应急措施的方案。

(3) 一般来说，只有对系统持续运行指标有明确要求的系统才需要进行这种类型的测试。

1.4.7　本节小结

表 1-2 总结了性能测试应用领域与测试方法的关联，说明了各种测试方法所能达到的测试目的，实际使用中可以根据想要达到的目的选用不同的测试方法或测试方法组合。

表 1-2　性能测试应用领域与测试方法的关联

	能力验证	规划能力	性能调优	缺陷发现	性能基准比较
性能测试	★				
负载测试		★	★		
压力测试	★	★	★	★	★
配置测试		★	★		
并发测试				★	★
可靠性(稳定性)测试	★				
失效恢复测试	★		★	★	

1.5　常见性能测试工具

常用的性能测试工具包括 LoadRunner、JMeter 和 Fiddler，本节对第一种工具作简要介绍，对第二种工具介绍得较为详细。

1.5.1　LoadRunner

如图 1-2 所示，LoadRunner 是一种预测系统行为和性能的负载测试工具，通过以模拟上千万用户实施并发负载及实时性能监测的方式来确认和查找问题。LoadRunner 能够对整个企业架构进行测试，企业使用 LoadRunner 能最大限度地缩短测试时间，优化性能和加速应用系统的发布周期。LoadRunner 可适用于各种体系架构的自动负载测试，能预测系统行为并评估系统性能。

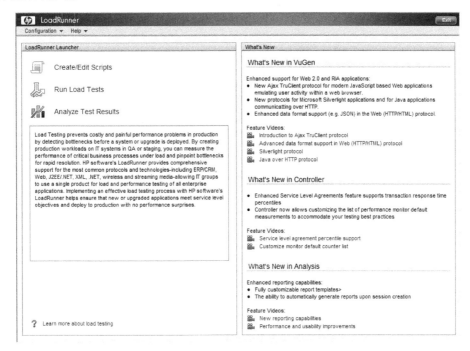

图 1-2　LoadRunner 的界面

　　本书主要针对使用 LoadRunner 进行性能测试来展开讲解，因此具体录制、调试、执行、监控、测试结果分析等功能将在后续章节中进行详细介绍。

1.5.2　JMeter

　　如图 1-3 所示，Apache JMeter 是 Apache 组织开发的基于 Java 的压力测试工具。用于对软件做压力测试，它最初被设计用于 Web 应用测试，但后来扩展到其他测试领域。它可以用于测试静态和动态资源，例如静态文件、Java 小服务程序、CGI 脚本、Java 对象、数据库、FTP 服务器，等等。JMeter 可以用于对服务器、网络或对象模拟巨大的负载，在不同压力类别下测试它们的强度和分析整体性能。另外，JMeter 能够对应用程序做功能/回归测试，通过创建带有断言的脚本来验证用户的程序是否返回了用户所期望的结果。为了最大限度的灵活性，JMeter 允许使用正则表达式创建断言。

　　Apache JMeter 可以用于对静态的和动态的资源(文件、Servlet、Perl 脚本、Java 对象、数据库和查询、FTP 服务器等)的性能进行测试，它可以用于对服务器、网络或对象模拟繁重的负载来测试它们的强度或分析不同压力类别下的整体性能。用户可以使用它做性能的图形分析或在大并发负载时测试服务器/脚本/对象。

图 1-3　Apache JMeter

1. JMeter 的安装

Apache JMeter 的安装步骤如下。

(1)　如图 1-4 和图 1-5 所示，配置和设置以下环境变量：

```
JMETER_HOME=D:\JMeter\apache-jmeter-5.1.1
classpath=%JMETER_HOME%\lib\ext\ApacheJMeter_core.jar;%JMETER_HOME%\lib\jor
phan.jar;%JMETER_HOME%\lib/logkit-2.0.jar;
```

图 1-4　配置环境变量

图 1-5　设置系统变量

(2)　验证是否安装成功：双击此安装目录下 bin 文件夹的 jmeter.bat 即可验证安装是否成功，如图 1-6 和图 1-7 所示。

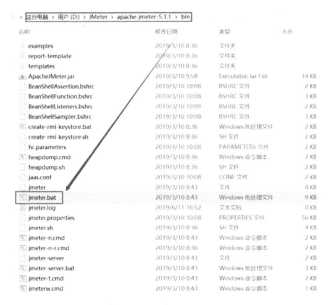

图 1-6　双击 jmeter.bat

2. 自动化测试示例

自动化性能测试建议先做正常场景的单元测试和集成测试业务场景。优先进行负载测试、压力测试和并发测试，验证服务器的稳定性。异常场景用例和业务流程较复杂的场景，建议进行人工测试。

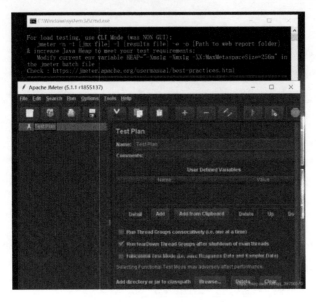

图 1-7　验证成功

编写自动化测试用例，需要考虑解决如下问题：①脚本执行时长；②端口号资源释放；③CPU、内存资源监测；④负载测试，逐步加压。

(1)　添加线程组，如图 1-8 所示。

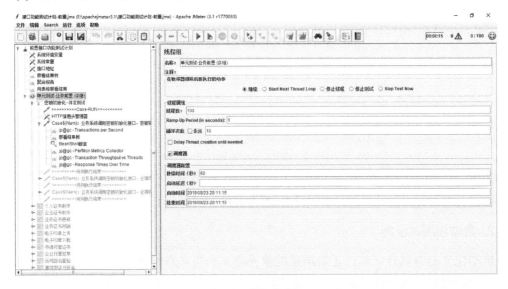

图 1-8　添加线程组

说明(参见图1-9):

① 根据测试用例要求，配置线程数、循环次数、持续时间。

② 基准测试、并发测试、压力测试、配置测试、可靠性测试使用普通线程组。

③ 负载测试使用 bzm - Concurrency Thread Group 线程组。

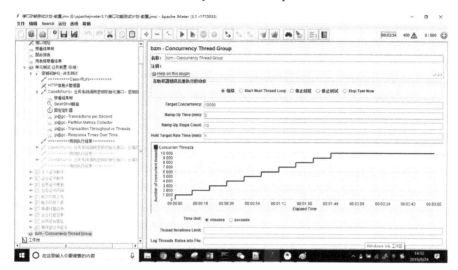

图 1-9　配置参数

然后进行以下 3 项设置，如图 1-10 所示。

① 在取样器错误后要执行的动作有以下几种。

● 继续：忽略错误，继续执行操作。

● Start Next Thread Loop：忽略错误，线程当前循环终止，执行下一个循环。

● 停止线程：停止当前线程，其他线程不受影响。

● 停止测试：当前执行的采样器结束后，停止整个测试计划。

● Stop Test Now：立即停止整个测试计划。

② 线程属性。可设置的线程属性如下。

● 线程数：当前线程数量，可以简单地理解为用户数量。

● Ramp-up Period (in seconds)：达到上面指定线程数所花费的时间，单位为秒。例如：假设线程数为 100 个，花费时间 20s，那么每秒启动的线程数=线程数/时间，即 100/20 = 5。换句话说，就是 1 秒启动 5 个线程。

● 循环次数：选中"永远"复选框，则线程组一直循环。否则，以后面所填数量为准。

● Delay Thread creation until needed：当线程需要执行的时候，才会被创建。如果不

选中此选项，所有线程在开始时就全部被创建。

● 调度器：选中此选项，才可修改下面的调度器配置。

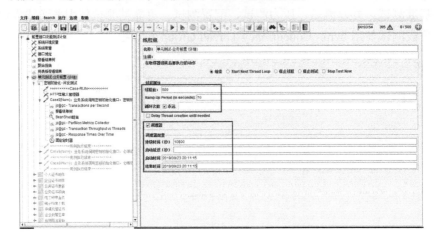

图 1-10   测试设置

③   调度器配置。

持续时间(秒)：整个测试计划持续的时间。如持续时间为 3 小时，则填入 10800。

启动延迟(秒)：测试计划启动后，会被延迟启动，时间为选项填入的时间。

(2)   添加事务控制器。右击线程组，在弹出的快捷菜单中选择"添加"→"逻辑控制器"→"事务控制器"命令，在打开的界面中添加事务控制器，如图 1-11 所示。

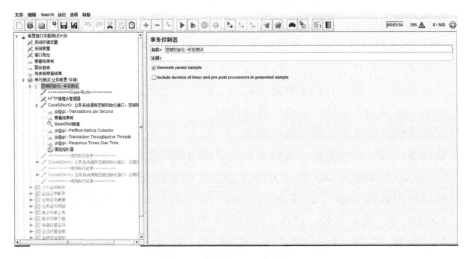

图 1-11   添加事务控制器

(3) 添加 BeanShellSampler。右击事务控制器，在弹出的快捷菜单中选择"添加"→
Sampler→BeanShellSampler 命令，添加 BeanShellSampler，如图 1-12 和图 1-13 所示。

图 1-12　添加 BeanShellSampler(1)

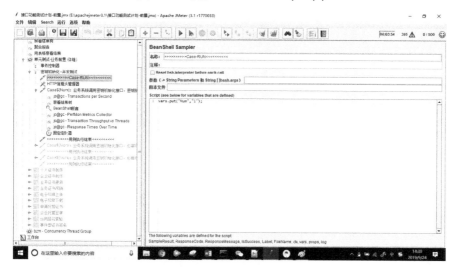

图 1-13　添加 BeanShellSampler(2)

说明：添加测试用例开始标示；

>>>>>>>>>>Case-RUN<<<<<<<<<<
vars.put("Num","1");

(4) 添加 HTTP 信息头管理器。右击事务控制器，在弹出的快捷菜单中选择"添加"→
"配置元件"→"HTTP 信息头管理器"命令，添加 HTTP 信息头管理器，如图 1-14 和
图 1-15 所示。

图 1-14　添加 HTTP 信息头管理器(1)

图 1-15　添加 HTTP 信息头管理器(2)

添加 HTTP 信息头信息：

```
Content-Type  application/json;charset=UTF-8
```

(5) 添加 HTTP 请求。右击事务控制器，在弹出的快捷菜单中选择"添加"→Sampler→

"HTTP 请求"命令，添加 HTTP 请求，如图 1-16 和图 1-17 所示。

图 1-16 添加 HTTP 请求(1)

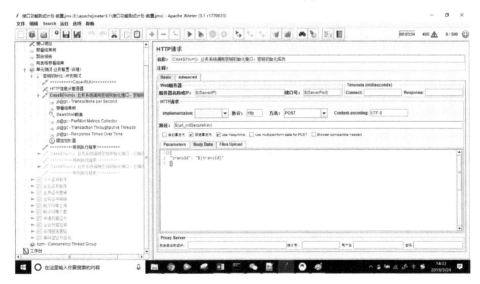

图 1-17 添加 HTTP 请求(2)

测试用例编号及名称：

Case${Num}：业务系统调用密钥初始化接口，密钥初始化成功

(6) 添加查看结果树，如图 1-18 所示。

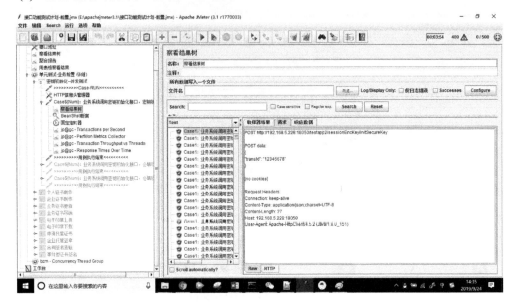

图 1-18　添加查看结果树

(7) 添加以下 BeanShell 断言，如图 1-19 所示。

```
import com.alibaba.fastjson.*;

String response = prev.getResponseDataAsString();
String expectStatus = "0";
String expectMessage = "success";

JSONObject json = JSONObject.parseObject(response);
String msg = json.getString("message");
String status = json.getString("status");

if (!expectStatus.equals(status))
{ Failure = true;
 FailureMessage = "状态码错误: status:" + status + ",message:" + msg;
} else if (!expectMessage.equals(msg))
{ Failure = true;
 FailureMessage = "状态信息错误: status:" + status + ",message:" + msg;
}
```

(8) 添加定时器。配置定时器，选择固定定时器。右击线程组，在弹出的快捷菜单中选择"添加"→"定时器"→"固定定时器"命令，添加定时器，如图 1-20 所示。

图 1-19　添加 BeanShell 断言

图 1-20　添加定时器

说明：

- 如果用户需要让每个线程在请求之前按相同的指定时间停顿，那么可以使用这个定时器。
- 需要注意的是，固定定时器的延时不会计入单个 sampler 的响应时间，但会计入事务控制器的时间。
- 启动多线程会占用服务器端口号资源，定时器的延时目的是使服务器端口资源及时释放。

(9) 添加 jp@gc - Transactions per Second。设置每秒的事务数，X 轴表示访问结束的时刻，Y 轴表示访问量，F(X,Y) 表示在某个结束时刻，一共有多少的访问量，如图 1-21 所示。

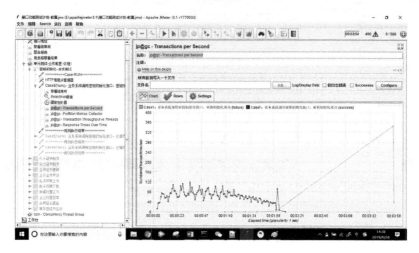

图 1-21　添加 jp@gc - Transactions per Second

(10) 添加 jp@gc - PerfMon Metrics Collector。在监听器的选项中增加了一些 jp@gc 开头的监听器，监控 CPU、内存、I/O 的监听是 jp@gc - PerfMon Metrics Collector，如图 1-22 所示。

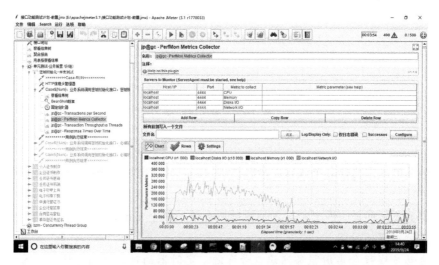

图 1-22　添加 jp@gc - PerfMon Metrics Collector

(11) 添加 jp@gc - Transaction Throughput vs Threads。设置每活动线程数可能的事务吞吐量，图中 X 轴表示的是活动线程数，Y 轴表示的是事务吞吐量，F(X,Y)的含义是当系统处于某个活动线程数时，系统当时的事务吞吐量是多少。比如当有 10 个活动线程时，事务吞吐量是 100 个/秒，而当有 20 个活动线程时，事务吞吐量是 50 个/秒，说明随着用户访问的增加，系统的处理效率开始下降了。从图 1-23 中我们可以找到一个临界点，在多大的活动线程数时，系统达到最大的吞吐量。

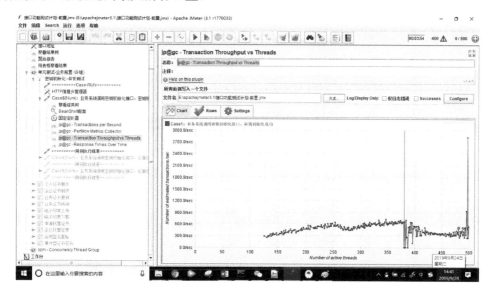

图 1-23　添加 jp@gc - Transaction Throughput vs Threads

(12) 添加 jp@gc - Response Times Over Time。设置每秒钟响应时间，X 轴表示的是系统运行的时刻，Y 轴表示的是响应时间，F(X,Y)表示随着时间的推移，系统的响应时间的变化，可以看出响应时间稳定性，如图 1-24 所示。

(13) 使用以下代码标示测试用例结束，如图 1-25 所示。

```
　>>>>>>>>>>用例执行结束<<<<<<<<<<
str = vars.get("Num");
str1 = Integer.parseInt(str) + 1;
vars.put("Num",str1.toString());
```

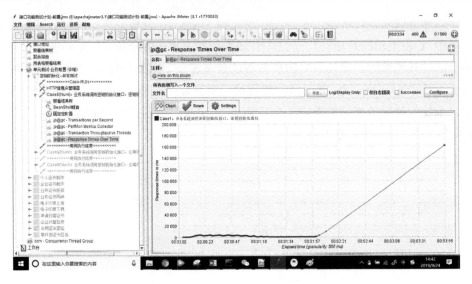

图 1-24　添加 jp@gc - Response Times Over Time

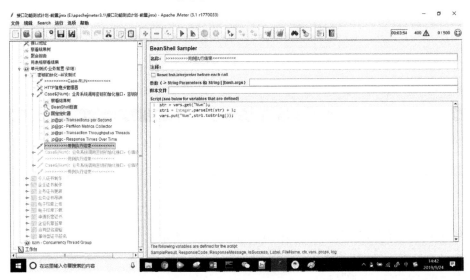

图 1-25　测试用例结束

第 2 章

性能测试流程

　　一个规范的性能测试流程可以帮助加强测试工作的流程控制,明确测试各阶段应完成的工作,并指导性能测试人员正确、有序地开展测试工作,提高各角色在性能测试中的工作效率。

性能测试通常分为以下几个阶段：性能测试需求分析→性能测试计划→性能测试用例→测试脚本编写→测试场景设计→测试场景运行→场景运行监控→运行结果分析→系统性能调优→性能测试总结，如图 2-1 所示，大方框范围中的阶段为可能需要反复执行的阶段。

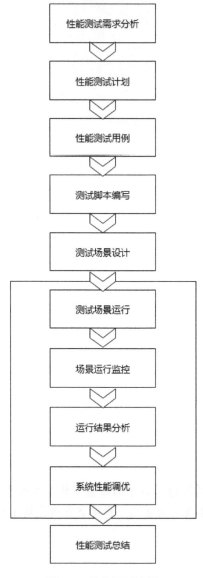

图 2-1 性能测试流程

2.1 性能测试需求分析

性能测试的目的就是把客户的真正需求搞清楚，这是性能测试最关键的过程。通常，性能测试是由客户提出需求内容，性能测试人员针对客户的需求进行系统和专业的分析后，提出相应的性能测试计划、解决方案、性能测试用例等与用户共同分析确定最终的性能测试计划、解决方案、性能测试用例等。有很多客户对性能测试是不了解的，可能会提出诸如"我要对系统的所有功能进行性能测试""用户的登录响应时间要小于 3 秒""系统的 CPU 利用率要小于 80%""系统需要支持 10 万用户的并发访问"等要求，下面逐一分析这几句话。

2.1.1 明确测试范围

"我要对系统的所有功能进行性能测试"，每个公司都希望自己的系统具有良好的性能，那么是不是所有的功能都要经过性能测试呢？答案当然是否定的。

首先，全部功能模块都进行性能测试需要非常长的周期；其次，根据"二八原则"，通常系统用户经常使用的功能模块大概占用系统整个模块的 20%，像"系统设置"等类似的模块，在整个系统中并不是经常使用的模块，针对这类模块进行性能测试也是没有任何意义的，所以性能测试的最终测试内容通常是结合客户真实的应用场景，客户应用最多、使用最频繁的功能。

2.1.2 明确性能指标

"用户的登录响应时间要小于 3 秒"，从表面看这句话似乎没有什么问题，仔细看看是不是看出点什么门道呢？其实这句话更像一个功能测试的需求，因为这句话并没有指出是在多少用户访问时，登录事务的响应时间小于 3 秒。"系统的 CPU 利用率要小于 80%"，也并没有提出在多少用户并发访问时需要达到这样的指标，作为性能测试人员必须清楚客户的真实需求，消除不明确的因素。

一般都需要与客户沟通和确认多少用户并发访问、什么场景下 TPS 需要达到多少、响应时间在多少秒以内、系统资源使用率不能超过多少百分比、事务处理成功率达到多少，等等。

2.1.3 明确被测系统组成

通常在做性能测试之前，都要与开发人员明确性能测试环境是如何部署的，即压力主要产生在哪个服务器上，我们可以对这个服务器重点进行监控操作，比如我们可以画出网络拓扑结构图，可以更直观地看出测试环境的构成。如图 2-2 所示为某保险公司投保系统的网络拓扑结构图，事务从压力测试机发出，通过一系列的应用服务器进行数据处理，最后将响应报文返回到压力测试机，本系统主要承受压力的机器是 Nginx 服务器，为本次性能测试的监控重点。

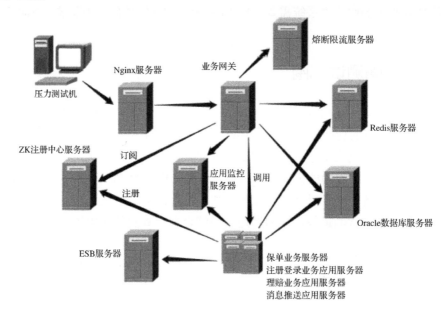

图 2-2　某系统网络结构拓扑图

2.1.4 明确被测系统配置

明确被测系统配置也是需求分析中不可或缺的一部分，只要明确了性能测试环境的系统配置，再与实际生产环境的系统配置进行对比，就可以拿本次性能测试的测试结果和调优方法对生产环境进行性能优化。

目前主流服务器主要安装的是 Linux 和 UNIX 操作系统，Aix 系统是 UNIX 操作系统的一个版本，下面主要对 Linux 和 Aix 操作系统的系统配置如何查看进行详细介绍。

1. 查看 CPU 信息

1)　Linux 系统

在 Linux 操作系统中，CPU 的信息在启动的过程中被装载到虚拟目录/proc 下的 cpuinfo 文件中，我们可以通过 cat /proc/cpuinfo 命令查看，执行后如图 2-3 所示。

```
[sycflash@sycflash ~]$ cat /proc/cpuinfo
processor       : 0
vendor_id       : AuthenticAMD
cpu family      : 15
model           : 104
model name      : AMD Athlon(tm) 64 X2 Dual-Core Processor TK-57
stepping        : 2
cpu MHz         : 800.000
cache size      : 256 KB
physical id     : 0
siblings        : 2
core id         : 0
cpu cores       : 2
apicid          : 0
initial apicid  : 0
fdiv_bug        : no
hlt_bug         : no
f00f_bug        : no
coma_bug        : no
fpu             : yes
fpu_exception   : yes
cpuid level     : 1
wp              : yes
flags           : fpu vme de pse tsc msr pae mce cx8 apic mtrr pge mca cmov pat
pse36 clflush mmx fxsr sse sse2 ht syscall nx mmxext fxsr_opt rdtscp lm 3dnowext
 3dnow extd_apicid pni cx16 lahf_lm cmp_legacy svm extapic cr8_legacy 3dnowprefe
tch lbrv
bogomips        : 1600.00
clflush size    : 64
cache_alignment : 64
address sizes   : 40 bits physical, 48 bits virtual
power management: ts fid vid ttp tm stc 100mhzsteps

processor       : 1
vendor_id       : AuthenticAMD
cpu family      : 15
model           : 104
model name      : AMD Athlon(tm) 64 X2 Dual-Core Processor TK-57
stepping        : 2
cpu MHz         : 800.000
cache size      : 256 KB
physical id     : 0
siblings        : 2
core id         : 1
cpu cores       : 2
apicid          : 1
initial apicid  : 1
fdiv_bug        : no
hlt_bug         : no
f00f_bug        : no
coma_bug        : no
fpu             : yes
fpu_exception   : yes
cpuid level     : 1
wp              : yes
flags           : fpu vme de pse tsc msr pae mce cx8 apic mtrr pge mca cmov pat
pse36 clflush mmx fxsr sse sse2 ht syscall nx mmxext fxsr_opt rdtscp lm 3dnowext
 3dnow extd_apicid pni cx16 lahf_lm cmp_legacy svm extapic cr8_legacy 3dnowprefe
tch lbrv
bogomips        : 1600.00
clflush size    : 64
cache_alignment : 64
address sizes   : 40 bits physical, 48 bits virtual
power management: ts fid vid ttp tm stc 100mhzsteps
```

图 2-3　系统 CPU 信息

下面我们来分析其中几个比较重要的指标。

- processor：逻辑处理器的 id(注：id 或 ID 表示身份标识号)。
- physical id：物理封装的处理器的 id。
- core id：每个内核(也译作核心)的 id。
- cpu cores：位于相同物理封装的中央处理器中的内核数量。
- siblings：位于相同物理封装的中央处理器中的逻辑处理器的数量。

从上面的数据可以看出：

(1) physical id 都为 0，说明只有一个物理处理器。

(2) processor 有两个不同的编号，并且同属于一个 physical id，同时 cpu cores 的值为 2，这也就说明 CPU 是双内核的，所以是每个内核只有一个逻辑处理器。

为了加深对这几个参数的理解，我们再来看一台工作站的服务器配置，如图 2-4 所示。

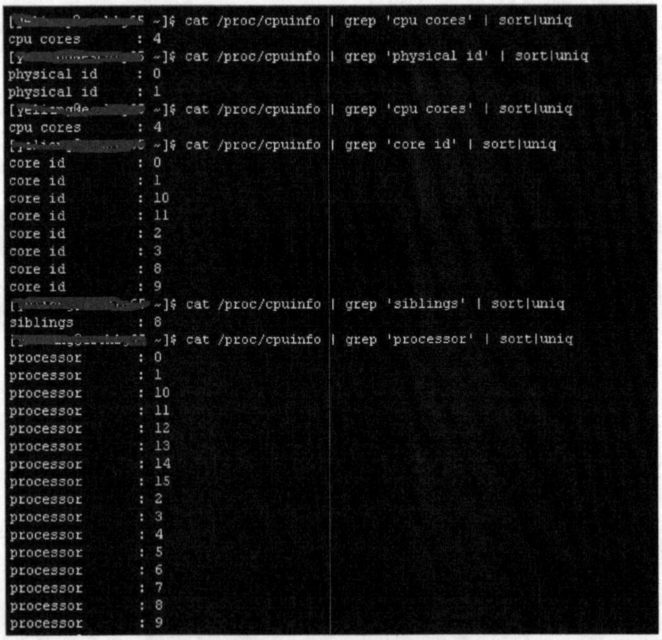

图 2-4　某工作站服务器 CPU 信息

在这个服务器上：cpu cores 为 4，physical id 有两个，core id 有 8 个，siblings 的值为 8，总共有 16 个 processor。

所以这个服务器主机的 CPU 为两个物理封装的处理器，每个处理器又有 4 个处理内核(cpu cores)，每个处理内核又可以划分为两个逻辑处理器(超线程技术)，因此，每个物理处理器上有 8 个逻辑处理器, 总共有 16 个 processor(逻辑或虚拟处理器)。大体的结构如图 2-5 所示。

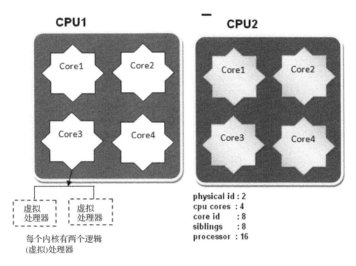

图 2-5　CPU 结构图

所以：

CPU 处理器个数(CPU 核数)=processor 个数

CPU 型号：AMD Athlon(tm) 64*2 Dual-Core Processor TK-57

CPU 主频：800MHz

2)　Aix 系统

Aix 系统中有很多命令可以用来查看 CPU 的个数, 但是哪个命令输出的是逻辑 CPU 个数, 哪个又是物理 CPU 个数呢？我们下面进行简单的介绍。

从 Aix5.3 起, 对于 Power5 的机器, 系统引入了同步多线程(Simultaneous MultiThreading, SMT)的功能, 其允许两个处理线程在同一个处理器上运行, 对操作系统而言, 一般一个物理处理器逻辑上会成为两个处理单元(逻辑处理器)。也就是说, 在 SMT 功能启用的情况下, 逻辑 CPU 个数是物理 CPU 个数的双倍, 而在 SMT 功能禁用的情况下, 逻辑 CPU 个数与物理 CPU 个数相等。

下面介绍如何通过各种命令检查系统中的物理 CPU 和逻辑 CPU 的个数。

(1)　smtctl 命令。执行此命令后如图 2-6 所示。

可以看到, 该系统具有 SMT 能力且当前 SMT 功能已启用。1 个物理 CPU 对应着 4 个逻辑 CPU。

```
root@MBSITWEB:/home/root>smtctl

This system is SMT capable.
This system supports up to 4 SMT threads per processor.
SMT is currently enabled.
SMT boot mode is not set.
SMT threads are bound to the same virtual processor.

proc0 has 4 SMT threads.
Bind processor 0 is bound with proc0
Bind processor 1 is bound with proc0
Bind processor 2 is bound with proc0
Bind processor 3 is bound with proc0
```

图 2-6　使用 smtctl 命令

(2) bindprocessor 命令。执行此命令后如图 2-7 所示。

```
root@MBSITWEB:/home/root>bindprocessor -q
The available processors are:  0 1 2 3
```

图 2-7　使用 bindprocessor 命令

可以看到可用逻辑 CPU 个数是 4 个。

(3) prtconf 命令。执行此命令后，可以看到系统中有 1 个物理 CPU，CPU 型号为 IBM,8202-E4B，处理器类型为 PowerPC_POWER7，物理 CPU 个数是 1 个，内存为 5120MB，主频为 3000MHz，如图 2-8 所示。

```
root@MBSITWEB:/home/root>prtconf
System Model: IBM,8202-E4B
Machine Serial Number: 06B51DP
Processor Type: PowerPC POWER7
Processor Implementation Mode: POWER 7
Processor Version: PV_7_Compat
Number Of Processors: 1
Processor Clock Speed: 3000 MHz
CPU Type: 64-bit
Kernel Type: 64-bit
LPAR Info: 4 SITWEB
Memory Size: 5120 MB
Good Memory Size: 5120 MB
Platform Firmware level: AL730_035
Firmware Version: IBM,AL730_035
Console Login: enable
Auto Restart: true
Full Core: false
```

图 2-8　使用 prtconf 命令

(4) vmstat 命令。执行此命令后如图 2-9 所示。

```
root@MBSITWEB:/home/root> vmstat

System configuration: lcpu=4 mem=5120MB ent=0.80

kthr      memory              page               faults              cpu
----- ----------- ------------------------ ------------ -----------------------
 r  b   avm    fre  re  pi  po  fr    sr  cy   in   sy  cs us sy id wa   pc    ec
 1  1 545712 24103   0   0   0   0    0   0   18  472 186  0  1 98  0  0.02  2.8
```

图 2-9　使用 vmstat 命令

可以看到可用逻辑 CPU 个数是 4 个。

(5) pmcycles -m 命令。执行此命令可以显示 CPU 个数及主频，如图 2-10 所示。

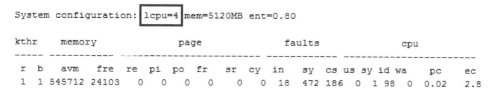

图 2-10　使用 pmcycles -m 命令

可以看到可用 CPU 个数有 4 个，CPU 的主频为 3.0GHz。

(6) prtconf | grep Processors(注意大小写)命令。执行此命令后可查看物理 CPU 个数：1 个，如图 2-11 所示。

```
root@MBUATWEB:/home/ryt/nmon>prtconf|grep Processors
Number Of Processors: 1
```

图 2-11　使用 prtconf | grep Processors 命令

2. 查看内存信息

1) Linux 系统

在 Linux 操作系统中,查看内存使用情况可以用 cat/proc/meminfo 命令,执行后如图 2-12 所示。

也可以使用 free-m 或 free 命令，查看内存使用情况，系统内存为 7566MB，已使用 1380MB，如图 2-13 所示。

2) Aix 系统

(1) vmstat 命令。执行此命令后可以查看关于内核线程、虚拟内存、内存分页、缺陷(或陷阱)和 CPU 活动等统计信息，如图 2-14 所示。

```
[root@emp5 ~]# cat /proc/meminfo
MemTotal:        7748144 kB
MemFree:         6334372 kB
Buffers:          110900 kB
Cached:           992120 kB
SwapCached:            0 kB
Active:           317268 kB
Inactive:         868692 kB
Active(anon):      83172 kB
Inactive(anon):     5484 kB
Active(file):     234096 kB
Inactive(file):   863208 kB
Unevictable:           0 kB
Mlocked:               0 kB
SwapTotal:       4194296 kB
SwapFree:        4194296 kB
Dirty:                 0 kB
Writeback:             0 kB
AnonPages:         82948 kB
Mapped:            15208 kB
Shmem:              5708 kB
Slab:             151800 kB
SReclaimable:      89868 kB
SUnreclaim:        61932 kB
KernelStack:        1648 kB
PageTables:         2436 kB
NFS_Unstable:          0 kB
Bounce:                0 kB
WritebackTmp:          0 kB
CommitLimit:     8068368 kB
Committed_AS:     481764 kB
```

图 2-12　在 Linux 系统中查看内存信息

```
[root@emp5 ~]# free -m
             total       used       free     shared    buffers     cached
Mem:          7566       1380       6186          0        108        968
-/+ buffers/cache:        303       7263
Swap:         4095          0       4095


[root@emp5 ~]# free
             total       used       free     shared    buffers     cached
Mem:       7748144    1413648    6334496          0     110916     992128
-/+ buffers/cache:     310604    7437540
Swap:      4194296          0    4194296
```

图 2-13　用 free-m 或 free 命令查看内存信息

```
root@MBSITWEB:/home/root> vmstat

System configuration: lcpu=4 mem=5120MB ent=0.80

kthr    memory              page                    faults              cpu
----- ----------- ------------------------ ------------ -----------------------
 r  b   avm   fre  re  pi  po  fr   sr  cy  in   sy  cs us sy id wa   pc    ec
 1  1 545712 24103   0   0   0   0    0   0  18  472 186  0  1 98  0  0.02   2.8
```

图 2-14　使用 vmstat 命令查看内存相关统计信息

(2) prtconf 命令。执行此命令后可以查看系统中所有硬件和软件的信息，如图 2-15 所示。

```
root@MBSITWEB:/home/root>prtconf
System Model: IBM,8202-E4B
Machine Serial Number: 06B51DP
Processor Type: PowerPC_POWER7
Processor Implementation Mode: POWER 7
Processor Version: PV_7_Compat
Number Of Processors: 1
Processor Clock Speed: 3000 MHz
CPU Type: 64-bit
Kernel Type: 64-bit
LPAR Info: 4 SITWEB
Memory Size: 5120 MB
Good Memory Size: 5120 MB
Platform Firmware level: AL730_035
Firmware Version: IBM,AL730_035
Console Login: enable
Auto Restart: true
Full Core: false
```

图 2-15　使用 prtconf 命令可以查看系统配置信息

(3) prtconf -m 命令。执行此命令后可以查看系统内存大小，如图 2-16 所示。

```
root@MBUATWEB:/home/root/ryt>prtconf -m
Memory Size: 5120 MB
```

图 2-16　使用 prtconf –m 命令

3．查看硬盘信息

1) Linux 系统

(1) df -lh 命令。执行此命令后，可以看到当前硬盘的分区信息，以及容量大小、已使用的空间和剩余空间大小，还可以查看每个分区的挂载目录(也称挂载点)，如图 2-17 所示。

```
[root@ewp-ebb-app ~]# df -lh
Filesystem            Size  Used Avail Use% Mounted on
/dev/sda1             9.5G  2.3G  6.8G  25% /
/dev/sda4             5.5G  421M  4.8G   8% /mnt/backup
/dev/mapper/RytongVG-RytongLV00
                       22G  209M   21G   1% /var/www/app
tmpfs                 502M     0  502M   0% /dev/shm
```

图 2-17　使用 df -lh 命令

Size 为分区大小，Used 为已用大小，Avail 为可用大小，Use 为已用百分比，Mounted on 为挂载目录。

sda1、sda4 为可用分区，RytongVG-RytongLV00 为逻辑分卷，tmpfs 为类似交换区的分区。

(2) fdisk -l 命令。执行此命令后，可以看到系统上的磁盘(包括 U 盘)的分区以及大小等相关信息，如图 2-18 所示。

```
[root@ewp-ebb-app ~]# fdisk -l

Disk /dev/sda: 42.9 GB, 42949672960 bytes
255 heads, 63 sectors/track, 5221 cylinders
Units = cylinders of 16065 * 512 = 8225280 bytes

   Device Boot      Start         End      Blocks   Id  System
/dev/sda1   *           1        1275    10241406   83  Linux
/dev/sda2            1276        4223    23679810   8e  Linux LVM
/dev/sda3            4224        4485     2104515   82  Linux swap / Solaris
/dev/sda4            4406        5221     6911920   83  Linux
```

图 2-18　使用 fdisk -l 命令查看磁盘分区等信息

sda 为物理硬盘名，其大小为 42.9GB。sda1、sda4 为可用分区，sda2 为逻辑卷，sda3 为交换分区。

2) Aix 系统

(1) lsdev -Cc disk 命令。执行此命令后如图 2-19 所示，得知硬盘设备名。

```
root@MBUATWEB:/home/root>lsdev -Cc disk
hdisk0 Available   Virtual SCSI Disk Drive
```

图 2-19　使用 lsdev -Cc disk 命令查看硬盘设备名

(2) bootinfo -s hdisk0 命令。执行此命令后如图 2-20 所示，获得硬盘设备容量，单位为 MB。

```
root@MBUATWEB:/home/root>bootinfo -s hdisk0
153600
```

图 2-20　使用 bootinfo -s hdisk0 命令查看硬盘设备容量

2.2　性能测试计划

性能测试计划是性能测试的重要过程。在对客户提出的需求经过认真分析后，作为性能测试人员，需要编写的第一份文档就是性能测试计划。性能测试计划非常重要，在性能测试计划中，需要阐述产品、项目的背景，将前期的性能测试已经明确过的需求落实到文档中，主要包括：用户需求规格说明书、会议纪要(内部讨论、与客户讨论等最终确定的关于性能测试内容)等性能测试相关需求内容文档。示例见表2-1。

表2-1　性能测试计划示例

工作计划	开始时间	完成时间	工作内容	负责人
预算模块测试用例编写	2021-5-15	2021-5-18	预算系统用例的编写	张明
预算模块测试	2021-5-21	2021-5-24	预算系统测试	张明
预算模块回归测试	2021-5-25	2021-5-25	针对修改问题进行测试	张明
生产数据模块测试用例编写	2021-5-28	2021-6-1	生产数据系统用例的编写	张明
生产数据模块测试	2021-6-4	2021-6-14	生产数据系统测试	张明
生产数据模块回归测试	2021-6-15	2021-6-15	针对修改问题进行测试	张明
综合测试用例编写	2021-6-25	2021-7-6	系统整体用例编写及修改	张明
第一轮集成测试	2021-7-9	2021-7-16	测试范围内的所有模块	张明
第一轮回归测试	2021-7-17	2021-7-17	测试范围内的所有模块	张明
第二轮集成测试	2021-7-18	2021-7-23	测试范围内的所有模块	张明
第二轮回归测试	2021-7-24	2021-7-24	测试范围内的所有模块	张明
性能测试	2021-7-9	2021-7-12	费用计算	张明

　　性能测试也是依赖于系统正式上线的软、硬件环境的，所以包括网络的拓扑结构、操作系统、应用服务器、数据库等软件的版本信息、数据库服务器、应用服务器等具体硬件配置，如CPU、内存、硬盘、网卡网络环境等信息也应该进行描述。系统性能测试的环境要尽量和客户上线的环境条件相似，在软、硬件环境相差巨大的情况下，对于真正评估系统上线后的性能有一定偏差，有时甚至更坏。为了能够得到需要的性能测试结果，性能测试人员需要认真评估：要在本次性能测试中应用哪个工具，该工具是否能够对需求中描述的相关指标进行监控，并得到相关的数据信息？性能测试结果数据信息是否有良好的表现形式，并且可以方便地输出？项目组性能测试人员是否会使用该工具？工具是否简单易用？等等。当然在条件允许的情况下，把复杂的性能测试交给专业的第三方专业测试机构也是一个不错的选择。人力资源和进度的控制，需要性能测试管理人员认真考虑。

　　很多失败的案例告诉我们，由于项目前期研发周期过长，项目开发周期延长，为了保证系统能够按时发布，不得不缩短测试周期，甚至取消测试，这样的项目质量是得不到保证的，通常，其结果也必将以失败而告终，因此要合理安排测试时间和人员，监控并及时修改测试计划，使管理人员和项目组成员及时了解项目测试的情况，及时修正在测试过程中遇到的问题。除了在计划中考虑上述问题以外，还应该考虑性能测试过程中有可能会遇到的风险以及如何去规避这些风险。在性能测试过程中，有可能会遇见一些将会发生的问题，为了保证后期在实施过程中有条不紊，这时就应该考虑如何去尽量避免这些风险的发生。

当然，性能测试计划中还应该包括性能测试准入、准出标准以及性能测试人员的职责等。一份好的性能测试计划可以为性能测试成功打下坚实的基础。将不明确的相关内容搞清楚，制订一份好的性能测试计划，然后按照此计划执行；如果在执行过程中与预期不符，请及时修改计划，不要仅仅将计划作为一份文档，而要将之作为性能测试行动的指导性内容。

2.3 性能测试用例

客户的性能测试需求最终要体现在性能测试用例设计中，性能测试用例应结合用户应用系统的场景，设计出相应的性能测试用例，用例应能覆盖测试需求。

在进行用例设计时，通常需要编写如下内容：测试用例名称、测试用例标识、测试覆盖的需求(测试性能特性)、应用说明、(前置/假设)条件、用例间依赖、用例描述、关键技术、操作步骤、期望结果(明确的指标内容)、记录实际运行结果等内容。当然，上面的内容可以依据实际情况适当进行裁减。如表 2-2 所示，这是某 Elearning 平台测试用例示例。

表 2-2 某 Elearning 平台测试用例示例

用例编号	GNCS_004	用例名称	在线考试	
用例描述	待验证功能：			是否实现
	1. 正常登录系统			□
	2. 防作弊功能：能实现防止复制、防止切屏、监控在线状态、答题状态控制、强行收卷、延长时间等功能			□
	3. 批量导入功能：实现试题、人员、部门、试卷等各种信息批量导入功能			□
	4. 支持各种试题类型：支持判断、单选、多选、匹配、填空、简答、案例分析、阅读理解等题型			□
	5. 多语言版本：用户可以自定义页面文字，实现中文、英文两种语言的版本切换功能			□
验证使用软件模块名称				

续表

用例编号	GNCS_004	用例名称	在线考试		
验证实现方式 (详细记录测试的步骤和实现方式)					
未实现功能项详细记录					
测试结果评价	功能执行结果	☐ 完全实现	☐ 部分实现	☐ 没有实现	
	是否需要第三方软件	☐ 平台已包含	☐ 需借助第三方软件实现		
	其他评价				
专家签名		公司代表签名		测试日期	

2.4　测试脚本编写

性能测试用例编写完成以后，接下来就需要结合用例的需要，进行测试脚本的编写工作。本书后面章节将讲述有关 LoadRunner 协议选择和脚本编写的知识。关于测试脚本的编写在这里着重强调以下几点：

(1) 协议的正确选用，关系到脚本是否能够正确录制与执行，十分重要。因此在进行程序的性能测试之前，测试人员必须弄清楚被测试程序使用的是什么协议。

(2) 测试脚本不仅可以使用性能测试工具来完成，在必要的时候，可以使用其他语言编程来完成同样的工作。

(3) 通常，在应用工具录制或者编写脚本完成以后，还需要去除脚本不必要的冗余代码，对脚本进行完善，需要加入集合点、检查点、事务以及对一些数据进行参数化、关联等处理。在编写脚本时，需要注意的还有脚本之间的前后依赖性，如一个手机银行系统，在进行理财产品购买之前，必须首先登录系统，获取账户信息后，才能够进行理财购买，所以在类似情况发生时应该考虑到脚本的执行顺序，在本例中是先执行登录脚本，再获取理财产品信息，最后进行购买，系统退出。当然有两种处理方式，一种方式就是一次性录制四个脚本，另一种方式就是在一个脚本中进行处理，将登录部分放在 vuser_init，获取理财信息和购买部分代码可以放在 Action 中，最好建立两个文件夹分别存放，而将退出脚本放在 vuser_end 部分。图 2-21 所示为 LoadRunner 脚本中的目录结构。

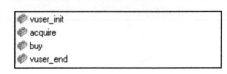

图 2-21　存放测试脚本

(4)　在编写测试脚本的时候，还需要注意编码的规范和代码的编写质量问题。软件性能测试不是简单的录制与回放，作为一名优秀的性能测试人员，可能经常需要自行编写脚本，这需要一方面提高自己的编码水平，不要让编写的脚本成为性能测试的瓶颈。有很多测试人员，由于不是程序员出身，也对程序的理解不够深入，经常会发现申请内存不释放、打开文件不关闭等情况，却不知这些情况会产生内存泄漏，最后导致压力测试系统崩溃。所以我们要加强编程语言的学习，努力使自己成为一名优秀的"高级程序员"。另一方面，也要加强编码的规范。测试团队少则几人，多则几十人、上百人，如果大家编写脚本的时候，标新立异，脚本的可读性势必很差，加之 IT 行业人员流动性很大，所以测试团队有一套标准的脚本编写规范势在必行；同时在多人修改维护同一个脚本的情况下，应该在脚本中记录修改历史。好的脚本应该是不仅自己能看懂，别人也能看懂。

(5)　经常听到很多同事追悔莫及地说，"我的那个脚本哪去了，这次性能测试的内容和以前做过的功能一模一样啊!""以前便写过类似脚本，可惜被我删掉了!"等类似话语。因为企业做的软件在一定程度上存在着类似的功能，所以脚本的复用情况也会经常发生，历史脚本的维护同样是很重要的一项工作。

2.5　测试场景设计

性能测试场景设计是以性能测试用例、测试脚本编写为基础的，脚本编写完成，需要在脚本中进行如下处理：如需进行并发操作，则加入集合点；考察某一部分业务处理响应时间，则需要插入事务；为检查系统是否进行正确的执行相应功能而设置的检查点；输入不同的业务数据，则需要进行参数化。测试场景的设计应遵循的一个重要的原则就是依据测试用例，把测试用例设计的场景展现出来。

2.6　测试场景运行

测试场景运行是关系到测试结果是否准确的一个重要过程。经常有很多做测试的人员花费了大量的时间和精力去做性能测试，可是做出来的测试结果不理想。原因是什么呢？关于测试场景的设计在这里着重强调以下几点。

(1) 性能测试工具都是用进程或者线程来模拟多个虚拟用户，每个进程或者线程都是需要占用一定内存的，所以要保证负载的测试机足够跑设定的虚拟用户数，如果内存不够，请用多台负载机分担进行负载。

(2) 在进行性能测试之前，需要先将应用服务器"预热"，即先运行一下应用服务器，看能否实现其功能。这是为什么呢？只有将编程语言翻译成机器语言，计算机才能执行高级语言编写的程序。翻译的方式有两种，一个是编译，一个是解释。两种方式只是翻译的时间不同。编译型语言写的程序执行之前，需要一个专门的编译过程，把程序编译成为机器语言的文件，比如可执行文件，以后要运行的话就不用重新翻译了，直接使用编译的结果文件执行(EXE)就行了，因为翻译只做了一次，运行时不需要翻译，所以编译型语言的程序执行效率高。解释则不同，解释性语言的程序不需要编译，省了道工序，解释性语言在运行程序的时候才翻译，如解释性语言 JSP、ASP、Python 等，专门有一个解释器能够直接执行程序，每个语句都是执行的时候才翻译。这样解释性语言每执行一次就要翻译一次，效率比较低。这也就是有很多测试系统的响应时间为什么很长的一个原因，就是没有实现运行测试系统，导致第一次执行编译需要较长时间，从而影响了性能测试结果。

(3) 在有条件的情况下，尽量模拟用户的真实环境。经常收到一些测试同行的来信说："为什么我们性能测试的结果每次都不一样啊？"经过询问得知，性能测试环境与开发环境为同一环境，且同时被应用。有很多软件公司，为了节约成本，开发与测试应用同一环境，这种模式有很多弊端。做性能测试时，若研发和测试共用同一个系统，因性能测试周期通常少则几小时，多则几天，这不仅给研发和测试人员使用系统资源带来一定的麻烦，而且容易导致测试与研发的数据相互影响，所以尽管经过多次测试，但每次测试结果各不相同。随着软件行业的蓬勃发展，市场竞争也日益激烈，希望软件企业能够从长远角度出发，为测试部门购置一些与客户群基本相符的硬件设备，如果买不起服务器，可以买一些配置较高的个人计算机代替，但是环境的部署一定要类似。如果条件允许也可以在客户实际环境做性能测试。总之，请大家一定要注意测试环境的独立性，以及网络、软硬件测试环境与用户的实际环境一致性，这样测试的结果才会更贴近真实情况，性能测试才会有意义。

(4) 测试工作并不是一个单一的工作，作为测试人员应该和各个部门保持良好的沟通。例如，在遇到需求不明确的时候，就需要和需求人员、客户以及设计人员进行沟通，把需求搞清楚。在测试过程中，碰到问题以后，如果自己以前没有遇到过也可以跟同组的测试人员、开发人员进行沟通，及时明确问题产生的原因、解决问题，点滴的工作经验积累对一个测试人员很有帮助，这些经验也是日后问题推测的重要依据。在测试过程中，也需要部门之间相互配合，在这里就需要开发人员和数据库管理人员同测试人员相互配合完成一年业务数据的初始化工作。所以，测试工作并不是孤立的，需要和各部门进行及时沟通，在需要帮助的时候，一定要及时提出，否则可能会影响项目工期，甚至导致项目的失败，在测试中我一直提倡"让最擅长的人做最擅长的事"，在项目开发周期短、人员不是很充足的情况下这一点表现得更为突出，不要浪费大量的时间在自己不擅长的东西上。

(5) 性能测试的执行，在时间充裕的情况下，最好同样一个性能测试用例执行三次，然后分析结果，如果结果相接近才可以证明此次测试是成功的。

2.7　场景运行监控

场景运行监控，可以在场景运行时决定要监控哪些数据，便于后期分析性能测试结果。应用性能测试工具的重要目的就是可以提取到本次测试关心的数据指标内容，性能测试工具利用应用服务器、操作系统、数据库等提供的接口，取得在负载过程中相关计数器的性能指标。关于场景的监控有几点需要大家在性能测试过程中注意。

(1) 性能测试负载机可能有多台，负载机的时钟要一致，保证在监控过程中的数据是同步的。

(2) 场景的运行监控也会给系统造成一定的负担，因为在操作过程中需要搜集大量的数据，且存储到数据库中，所以尽量搜集与系统测试目标相关的参数信息，无关内容不必进行监控。

(3) 通常，只有管理员才能够对系统的资源等进行监控，所以经常碰到朋友问："为什么我监控不到数据？为什么提示我没有权限？"等类似问题，笔者的建议：要以管理员的身份登录，如果监控不了相关指标，再去查找原因，不要耗费过多精力在做无用功。

(4) 运行场景的监控是一门学问，需要对要监控的数据指标有非常清楚的认识，同时还要求对性能测试工具也非常熟悉。当然这不是一朝一夕的事情，作为性能测试人员，我们应该不断努力，深入学习这些知识，不断积累经验，才能做得更好。

2.8　运行结果分析

性能测试执行过程中，性能测试工具搜集相关性能测试数据，待执行完成后，这些数据会存储到数据表或者其他文件中，为了定位系统性能问题，我们需要系统分析这些性能测试结果。性能测试工具自然能帮助我们生成很多图表，也可以进一步将这些图表进行合并等操作来定位性能问题，是不是在没有专业的性能测试工具的情况下，就无法完成性能测试呢？答案是否定的，其实在很多种情况下，性能测试工具可能会受到一定的限制，这时，需要编写一些测试脚本来完成数据的搜集工作，当然数据存储的介质通常也是数据库或者其他格式的文件，为了便于分析数据，需要对这些数据进行整理再进行分析。

目前，广泛被大家应用的性能分析方法就是"拐点分析"。"拐点分析"方法是一种利用性能计数器曲线图上的拐点进行性能分析的方法。它的基本思想就是性能产生瓶颈的主要原因就是因为某个资源的使用达到了极限，此时表现为随着压力的增大，系统性能却出现急剧下降，这样就产生了"拐点"现象。当得到"拐点"附近的资源使用情况时，就能定位出系统的性能瓶颈。"拐点分析"方法举例：系统随着用户的增多，事务响应时间缓慢增加，当用户数达到 100 个虚拟用户时，系统响应时间急剧增加，表现为一个明显的"折线"，这就说明了系统承载不了如此多的用户做这个事务，也就是存在性能瓶颈。

2.9 系统性能调优

性能测试分析人员经过对结果的分析以后，有可能提出系统存在性能瓶颈。这时相关开发人员、数据库管理员、系统管理员、网络管理员等就需要根据性能测试分析人员提出的意见同性能分析人员共同分析确定更细节的内容，相关人员对系统进行调整以后，性能测试人员继续进行第二轮、第三轮……的测试，与以前的测试结果进行对比，从而确定经过调整以后系统的性能是否有提升。有一点需要提醒大家，就是在进行性能调整的时候，最好一次只调整一项内容或者一类内容，避免一次调整多项内容而引起性能提高却不知道是由于调整哪项关键指标而改善性能的。进行系统的调优过程中好的策略是按照由易到难的顺序对系统性能进行调优。系统调优由易到难的先后顺序如下：

(1) 解决硬件问题；

(2) 解决网络问题；

(3) 解决应用服务器、数据库等配置问题；

(4) 解决源代码、数据库脚本问题；

(5) 解决系统构架问题。

硬件发生问题是最显而易见的，如果 CPU 不能满足复杂的数学逻辑运算，可以考虑更换 CPU；如果硬盘容量很小，承受不了很多的数据可以考虑更换高速、大容量硬盘等；如果网络带宽不够，可以考虑对网络进行升级和改造，将网络更换成高速网络；还可以将系统应用与平时公司日常应用进行隔离等，达到提高网络传输速率的目的。很多情况下，系统性能不是十分理想的一个重要原因就是，没有对应用服务器、数据库等软件进行调优和设置引起的，如对 Tomcat 系统调整堆内存和扩展内存的大小，数据库引入连接池技术等。源代码、数据库脚本在上述调整无效的情况下，可以选择一种调优方式，但是由于涉及对源代码的改变有可能会引入缺陷，所以在调优以后，不仅需要性能测试，还要对功能进行验证，以验证是否正确，这种方式需要通过对数据库建立适当的索引，以及运用简单的语句替代复杂的语句，从而达到提高 SQL 语句运行效率的目的，还可以在编码过程中选择好的算法，减少响应时间，引入缓存等技术。最后，在上述尝试都不见效的情况下，就需要考虑现行的构架是否合适，选择效率高的构架，但由于构架的改动比较大，因此应该慎重对待。

2.10 性能测试总结

性能测试工作完成以后，需要编写性能测试总结报告。性能测试总结报告结构如图 2-22 所示。

目录

一、项目概述......4
二、测试目的......4
三、测试环境......5
四、测试内容......7
五、测试结果......7
1．功能性测试......7
1.1 功能测试情况......7
1.2 功能测试总结......10
2．性能测试......11
2.1 性能测试情况......11
2.2 性能测试总结......15
3．可靠性测试......16
3.1 可靠性测试情况......16
3.2 可靠性测试总结......17

图 2-22 性能测试总结报告示例

性能测试总结不仅使我们能够了解到如下内容：性能测试需求覆盖情况，性能测试过程中出现的问题，我们又是如何去分析、调优、解决的，测试人员、进度控制与实际执行偏差，性能测试过程中遇到的各类风险是如何控制的，而且，还能描述经过该产品/项目性能测试后有哪些经验和教训等内容。随着国内软件企业的发展、壮大，越来越多的企业更加重视软件产品的质量，而好的软件无疑和良好的软件生命周期过程控制密不可分。在这个过程中不断规范化软件生命周期各个过程、文档的写作，以及各个产品和项目测试经验的总结是极其重要的一件事情。

第 3 章

LoadRunner 相关基础知识

在介绍 LoadRunner 软件之前，需要首先介绍网络、C 语言编程及 Linux 系统常用辅助命令等相关知识，只有具备这些基础知识，才能更好地学习并使用 LoadRunner 软件。

3.1 网络协议

互联网的实现，分成好几层。每一层都有自己的功能，就像建筑物一样，每一层都靠下一层支持。

用户接触到的，只是最上面的一层，根本没有感觉到下面的层。要理解互联网，必须从最下层开始，自下而上理解每一层的功能。

如图 3-1 所示，最底下的一层叫作"实体层"(或"物理层"，Physical Layer)，最上面的一层叫作"应用层"(Application Layer)，中间的三层(自下而上)分别是"链接层"(或"链路层"，Link Layer)、"网络层"(Network Layer)和"传输层"(Transport Layer)。越下面的层，越靠近硬件；越上面的层，越靠近用户。

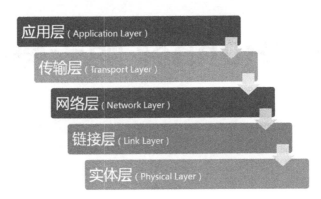

图 3-1　协议的五层模型

它们叫什么名字，其实并不重要。只需要知道，互联网分成若干层就可以了。

每一层都是为了完成一种功能。为了实现这些功能，就需要大家都遵守共同的规则。大家都遵守的规则，就叫作"协议"(Protocol)。互联网的每一层，都定义了很多协议。这些协议的总称，就叫作"互联网协议族"(Internet Protocol Suite)。它们是互联网的核心，下面介绍每一层的功能，主要就是介绍每一层的协议。

3.1.1 实体层

我们从最底下的一层开始。电脑要组网，第一件事要干什么？当然是先把电脑连起来，可以采取光缆、电缆、双绞线、无线电波等方式，如图 3-2 所示。

图 3-2　电脑连接

这就叫作"实体层"，它就是把电脑连接起来的物理手段。它主要规定了网络的一些电气特性，作用是负责传送 0 和 1 的电信号。

3.1.2　链接层

单纯的 0 和 1 没有任何意义，必须规定解读方式：多少个电信号算一组？每个信号位有何意义？这就是"链接层"的功能，它在"实体层"的上方，确定了 0 和 1 的分组方式。

1. 以太网协议

早期的时候，每家公司都有自己的电信号分组方式。逐渐地，一种叫作"以太网"(Ethernet)的协议占据了主导地位。

以太网规定，一组电信号构成一个数据包，叫作"帧"(Frame)。每一帧分成两个部分：标头(Head)和数据(Data)，如图 3-3 所示。

图 3-3　数据包

"标头"包含数据包的一些说明项，比如发送者、接收者、数据类型等；"数据"则是数据包的具体内容。

"标头"的长度，固定为 18 字节。"数据"的长度，最短为 46 字节，最长为 1500 字节。因此，整个"帧"最短为 64 字节，最长为 1518 字节。如果数据很长，就必须分割成多个帧进行发送。

2. MAC 地址

上面提到，以太网数据包的"标头"，包含了发送者和接收者的信息。那么，发送者和接收者是如何标识的呢？

45

以太网规定，连入网络的所有设备，都必须具有"网卡"接口。数据包必须是从一块网卡传送到另一块网卡。网卡的地址，就是数据包的发送地址和接收地址，这叫作 MAC(Media Access Control，媒体访问控制)地址。

每块网卡出厂的时候，都有一个全世界独一无二的 MAC 地址，长度是 48 个二进制位，通常用 12 个十六进制数表示，如图 3-4 所示。

图 3-4   MAC 地址

前 6 个十六进制数是厂商编号，后 6 个是该厂商的网卡流水号。有了 MAC 地址，就可以定位网卡和数据包的路径了。

3. 广播

定义地址只是第一步，后面还有更多的步骤，如图 3-5 所示。

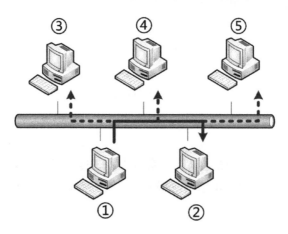

图 3-5   广播

首先，一块网卡怎么会知道另一块网卡的 MAC 地址？

回答是有一种 ARP(Address Resolution Protocol，地址解析协议)可以解决这个问题。这个留到后面介绍，这里只需要知道，以太网数据包必须知道接收方的 MAC 地址，然后才能发送。

其次，就算有了 MAC 地址，系统怎样才能把数据包准确地送到接收方？

回答是以太网采用了一种很"原始"的方式，它不是把数据包准确地送到接收方，而是向本网络内所有计算机发送，让每台计算机自己判断，是否为接收方。

图 3-5 中，①号计算机向②号计算机发送一个数据包，同一个子网络的③号计算机、④号计算机、⑤号计算机都会收到这个包。它们读取这个包的"标头"，找到接收方的 MAC 地址，然后与自身的 MAC 地址相比较，如果两者相同，就接收这个包，做进一步处理，否则就丢弃这个包。这种发送方式就叫作"广播"(broadcasting)。

有了数据包的定义、网卡的 MAC 地址、广播的发送方式，"链接层"就可以在多台计算机之间传送数据了。

◯ 3.1.3　网络层

以太网协议，依靠 MAC 地址发送数据。理论上，单单依靠 MAC 地址，上海的网卡就可以找到洛杉矶的网卡了，技术上是可以实现的。

但是，这样做有一个重大的缺点。以太网采用广播方式发送数据包，所有成员人手一"包"，不仅效率低，而且局限在发送者所在的子网络。也就是说，如果两台计算机不在同一个子网络，广播是传不过去的。这种设计是合理的，否则互联网上每一台计算机都会收到所有包，那会引起灾难。

互联网是无数子网络共同组成的一个巨型网络，如图 3-6 所示。很难想象上海和洛杉矶的电脑会在同一个子网络中，这几乎是不可能的。

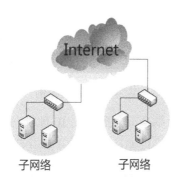

图 3-6　互联网示例

因此，必须找到一种方法，能够区分哪些 MAC 地址属于同一个子网络，哪些不是。如果是同一个子网络，就采用广播方式发送，否则就采用"路由"方式发送。("路由"就是指如何向不同的子网络分发数据包。这是一个很大的主题，本节不涉及)遗憾的是，MAC 地址本身无法做到这一点；它只与厂商有关，而与所处网络无关。

这就导致了"网络层"的诞生。它的作用是引进一套新的地址，使得我们能够区分不同的计算机是否属于同一个子网络。这套地址就叫作"网络地址"，简称"网址"。

于是，"网络层"出现以后，每台计算机有了两种地址，一种是 MAC 地址，另一种是网络地址。两种地址之间没有任何联系，MAC 地址是绑定在网卡上的，网络地址则是管理员分配的，它们只是随机组合在一起。

网络地址帮助我们确定计算机所在的子网络，MAC 地址则将数据包送到该子网络中的目标网卡。因此，从逻辑上可以推断，必定是先处理网络地址，然后再处理 MAC 地址。

1. IP 协议

规定网络地址的协议，叫作 IP 协议。它所定义的地址，就被称为 IP 地址。

目前，广泛采用的是 IP 协议第 4 版，简称 IPv4。IPv4 规定，网络地址由 32 个二进制位组成。习惯上，我们用分成四段的十进制数表示 IP 地址，从 0.0.0.0 一直到 255.255.255.255，如图 3-7 所示。

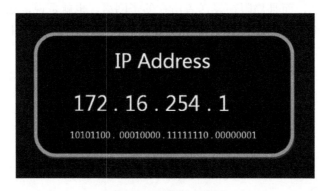

图 3-7　IP 地址示例

互联网上的每一台计算机，都会分配到一个 IP 地址。这个地址分成两个部分，前一部分代表网络，后一部分代表主机。比如，IP 地址 172.16.254.1，这是一个 32 位的地址，假定它的网络部分是前 24 位(172.16.254)，那么主机部分就是后 8 位(最后的那个 1)。处于同一个子网络的电脑，它们 IP 地址的网络部分必定是相同的，也就是说 172.16.254.2 应该与172.16.254.1 处在同一个子网络。

但是，问题在于仅从 IP 地址我们无法判断网络部分。还是以 172.16.254.1 的 IP 地址为例，它的网络部分，到底是前 24 位，还是前 16 位，甚至前 28 位，从 IP 地址上是看不出来的。

那么，怎样才能从 IP 地址，判断两台计算机是否属于同一个子网络呢？这就要用到另一个参数"子网掩码"(subnet mask)。

所谓"子网掩码"，就是表示子网络特征的一个参数。它在形式上等同于 IP 地址，也是一个 32 位二进制数字，它的网络部分全部为 1，主机部分全部为 0。比如，IP 地址为 172.16.254.1，如果已知网络部分是前 24 位，主机部分是后 8 位，那么子网掩码就是 11111111.11111111.11111111.00000000，写成十进制就是 255.255.255.0。

知道了"子网掩码"，我们就能判断，任意两个 IP 地址是否处在同一个子网络。方法是将两个 IP 地址与子网掩码分别进行 AND 运算(两个数位都为 1，运算结果为 1，否则为 0)，然后比较结果是否相同，如果是的话，就表明它们在同一个子网络中，否则就不是。

比如，已知 IP 地址 172.16.254.1 和 172.16.254.233 的子网掩码都是 255.255.255.0，请问它们是否在同一个子网络？两者与子网掩码分别进行 AND 运算，结果都是 172.16.254.0，因此它们在同一个子网络。

总结一下，IP 协议的作用主要有两个，一个是为每一台计算机分配 IP 地址，另一个是确定哪些地址在同一个子网络中。

2. IP 数据包

根据 IP 协议发送的数据，就叫作 IP 数据包。不难想象，其中必定包括 IP 地址信息。

但是前面说过，以太网数据包只包含 MAC 地址，并没有 IP 地址的栏位。那么是否需要修改数据定义，再添加一个栏位呢？

回答是不需要，我们可以把 IP 数据包直接放进以太网数据包的"数据"部分，因此完全不用修改以太网的规格。这就是互联网分层结构的好处：上层的变动完全不涉及下层的结构。

具体来说，IP 数据包也分为"标头"(Head)和"数据"(Data)两个部分，如图 3-8 所示。

图 3-8 IP 数据包(1)

"标头"部分主要包括版本、长度、IP 地址等信息，"数据"部分则是 IP 数据包的具体内容。它放进以太网数据包后，以太网数据包就变成了如图 3-9 所示的样子。

图 3-9　IP 数据包(2)

IP 数据包的"标头"部分的长度为 20～60 字节，整个数据包的总长度最大为 65 535 字节。因此，理论上，一个 IP 数据包的"数据"部分，最长为 65 515 字节。前面说过，以太网数据包的"数据"部分，最长只有 1500 字节。因此，如果 IP 数据包超过了 1500 字节，它就需要分割成几个以太网数据包，分开发送了。

3. ARP 协议

关于"网络层"，还有最后一点需要说明。

因为 IP 数据包是放在以太网数据包里发送的，所以我们必须同时知道两个地址，一个是对方的 MAC 地址，另一个是对方的 IP 地址。通常情况下，对方的 IP 地址是已知的(后文会解释)，但是我们不知道它的 MAC 地址。

所以，我们需要一种机制，能够从 IP 地址得到 MAC 地址。

这里又可以分成两种情况。第一种情况，如果两台主机不在同一个子网络，那么事实上没有办法得到对方的 MAC 地址，只能把数据包传送到两个子网络连接处的"网关" (gateway)，让网关去处理。

第二种情况，如果两台主机在同一个子网络，那么我们可以用 ARP 协议，得到对方的 MAC 地址。ARP 协议也是发出一个数据包(包含在以太网数据包中)，其中包含它所要查询主机的 IP 地址，在对方的 MAC 地址这一栏，填的是 FF:FF:FF:FF:FF:FF，表示这是一个"广播"地址。它所在子网络的每一台主机，都会收到这个数据包，从中取出 IP 地址，与自身的 IP 地址进行比较。如果两者相同，都做出回复，向对方报告自己的 MAC 地址，否则就丢弃这个包。

总之，有了 ARP 协议之后，我们就可以得到同一个子网络内的主机 MAC 地址，可以把数据包发送到任意一台主机上了。

3.1.4　传输层

有了 MAC 地址和 IP 地址，我们就可以在互联网中的任意两台主机上建立通信。

接下来的问题是，同一台主机上有许多程序都需要用到网络，比如，你一边浏览网页，一边与朋友在线聊天。当一个数据包从互联网上发来的时候，你怎么知道，它是表示网页的内容，还是表示在线聊天的内容？

也就是说，我们还需要一个参数，表示这个数据包到底供哪个程序(进程)使用。这个参数就叫作"端口"(port)，它其实是每一个使用网卡的程序的编号。每个数据包都发到主机的特定端口，所以不同的程序就能取到自己所需要的数据。

"端口"是 0～65 535 之间的一个整数，正好 16 个二进制位。0～1023 的端口被系统占用，用户只能选用大于 1023 的端口。不管是浏览网页还是在线聊天，应用程序会随机选用一个端口，然后与服务器的相应端口联系。

"传输层"的功能，就是建立"端口到端口"的通信。相比之下，"网络层"的功能是建立"主机到主机"的通信。只要确定主机和端口，我们就能实现程序之间的交流。因此，UNIX 系统就把主机+端口，叫作"套接字"(socket)。有了它，就可以进行网络应用程序的开发了。

1. UDP 协议

现在，我们必须在数据包中加入端口信息，这就需要新的协议。最简单的实现叫作UDP(User Datagram Protocol，用户数据包协议)，它的格式基本就是在数据前面加上端口号。

UDP 数据包，也是由"标头"(Head)和"数据"(Data)两部分组成，如图 3-10 所示。

图 3-10　UDP 数据包(1)

"标头"部分主要定义了发出端口和接收端口，"数据"部分就是具体的内容。然后，把整个 UDP 数据包放入 IP 数据包的"数据"部分，前面说过，IP 数据包又是放在以太网数据包之中的，所以整个以太网数据包现在如图 3-11 所示。

图 3-11　UDP 数据包(2)

UDP 数据包非常简单，"标头"部分一共只有 8 个字节，总长度不超过 65 535 字节，正好放进一个 IP 数据包。

2. TCP 协议

UDP 协议的优点是比较简单，容易实现，但是缺点是可靠性较差，一旦数据包发出，却无法知道对方是否收到。

为了解决这个问题，提高网络的可靠性，TCP(Transmission Control Protocol，传输控制协议)就诞生了。这个协议非常复杂，但可以近似认为，它就是有确认机制的 UDP 协议，每发出一个数据包都要求确认。如果有一个数据包遗失，就收不到确认，发出方就知道有必要重发这个数据包了。

因此，TCP 协议能够确保数据不会遗失。它的缺点是过程复杂、实现困难、消耗较多的资源。

TCP 数据包和 UDP 数据包一样，都是内嵌在 IP 数据包的"数据"部分。TCP 数据包没有长度限制，理论上可以无限长，但是为了保证网络的效率，通常 TCP 数据包的长度不会超过 IP 数据包的长度，以确保单个 TCP 数据包不必再分割。

3.1.5 应用层

应用程序收到"传输层"的数据，接下来就要进行解读。由于互联网是开放架构，数据来源五花八门，必须事先规定好格式，否则根本无法解读。

"应用层"的作用，就是规定应用程序的数据格式。

举例来说，TCP 协议可以为各种各样的程序传递数据，比如 E-mail、WWW、FTP 等。那么，必须有不同协议规定电子邮件、网页、FTP 数据的格式，这些应用程序协议就构成了"应用层"。

这是最高的一层，直接面对用户。它的数据就放在 TCP 数据包的"数据"部分。因此，现在以太网的数据包就如图 3-12 所示。

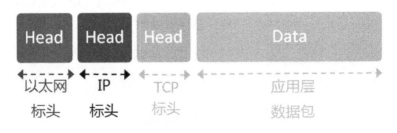

图 3-12　TCP 数据包

3.2 C 语言编程基础

3.2.1 LoadRunner 脚本语言

很多情况下是不能通过简单的脚本录制、回放来完成性能测试任务的,而需要性能测试工程师自行编写脚本。这时如果没有语言基础,自行编写脚本是非常困难的。当然如果由于性能测试工程师编程水平较差,编写出来的脚本本身就存在业务错误,存在内存泄漏等问题的时候,性能测试的过程和结果也必将是不可信赖的,所以,性能测试工程师有编程基础是非常必要的,也是必需的。

事实上,LoadRunner 支持多种协议,在编写脚本的时候,可以根据不同的应用,选择适合的协议。同时,可以选择 Java Vuser、Javascript Vuser、Microsoft.NET、VB Vuser、VB Script Vuser 等协议进行相应语言的脚本编写。在进行 Web(HTTP/HTML)等协议编写的时候,脚本的默认语法规则都是按照 C 语言的语法规则,当然也可以选择 Java Vuser 用 Java 语言实现具有同样功能的脚本。在 HP LoadRunner Online Function Reference 帮助信息中,会发现 LoadRunner 提供了多种语言的使用说明及其样例程序的演示,如图 3-13 和图 3-14 所示。

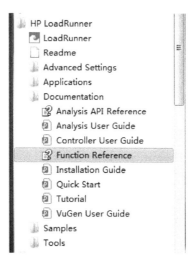

图 3-13 单击 Function Reference 选项

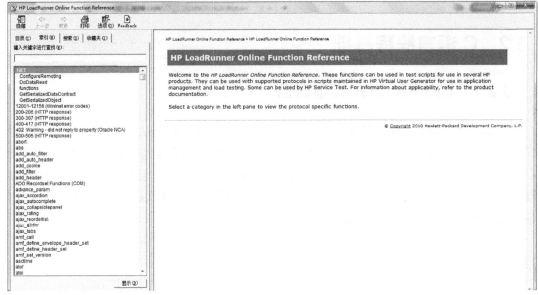

图 3-14　使用说明

3.2.2　C 语言数据类型

所谓数据类型是按被定义变量的性质、表示形式，占据存储空间的多少，构造特点来划分的。在 C 语言中，数据类型可分为基本数据类型、构造数据类型、指针类型、空类型四大类。

- 基本数据类型：基本数据类型最主要的特点是，其值不可以再分解为其他类型。
- 构造数据类型：构造数据类型是根据已定义的一个或多个数据类型用构造的方法来定义的。也就是说，一个构造数据类型的值可以分解成若干个"成员"或"元素"，每个"成员"都是一个基本数据类型或又是一个构造数据类型。
- 指针类型：指针是一种特殊的同时又是具有重要作用的数据类型。其值用来表示某个变量在存储器中的地址。虽然指针变量的取值类似于整型量，但这是两个类型完全不同的量，因此不能混为一谈。
- 空类型：在调用函数值时，通常应向调用者返回一个函数值。但是，有时调用后并不需要向调用者返回函数值，这种函数可以定义为"空类型"，其关键字用"void"表示。

基本数据类型主要包含字符型数据、整型数据和实型数据，如表 3-1 所示。

表 3-1　基本数据类型

数据类型		类型说明符	字　节	数值范围
字符型数据		char	1	C 字符集
整型数据	基本整型	int	2	−32 768 ~ 32 767
	短整型	short int	2	−32 768 ~ 32 767
	长整型	long int	4	−214 783 648 ~ 214 783 647
	无符号型	unsigned	2	0 ~ 65 535
	无符号长整型	unsigned long	4	0 ~ 4 294 967 295
实型数据	单精度实型	float	4	3.4E-38 ~ 3.4E+38
	双精度实型	double	8	1.7E-308 ~ 1.7E+308

在介绍整型数据之前，有必要先让大家明确两个概念，即：什么叫变量？什么叫常量？简单地说，在程序执行过程中，其值不发生改变的量称为常量，其值可变的量称为变量。举例来说，我们在计算圆面积的时候，会涉及一个圆周率(π)，这个值我们会近似地取 3.14，可以把它定义为一个常量，因为不管计算多大或者多小圆面积的时候，这个 π 值是不发生变化的。还是刚才的例子，当计算大、小半径不同的圆时，尽管应用的公式都是同一个，但因为半径不同，而计算出来的面积值也会不同，那么我们可以把半径和面积定义为变量。基本数据类型可以是常量，也可以是变量。习惯上代表常量的标识符用大写字母，变量标识符用小写字母，以示区别。

在 C 语言中，我们可以使用八进制、十六进制和十进制来表示整型数据。整型数据常量的表示示例如下：

```
#define COUNT 100
```

关于#define 等预编译部分内容将在后面进行介绍，这里只需要了解整数类型常量的定义方法即可。这里定义了名称为 COUNT 的整数类型常量，其值为 100。定义好常量以后，就可以直接在脚本中应用定义的常量名称，而不必每次都输入 100 了，参见在 LoadRunner 中应用的脚本示例。

```
#define COUNT 100          //这里定义人数合计 COUNT，其值为100
#define SALARY 4000        //每个人的薪水平均值 SALARY，其值为4000
Action()
{
lr_output_message("100 人合计薪资支出为:%d", COUNT*SALARY);
return 0;
}
```

把数值定义为常量有非常大的好处。首先，它有了一个单词的含义，比如"COUNT"、"SALARY"看上去就大概知道了这个值是什么，COUNT，这里指公司人数的合计值，SALARY，这里指公司的平均薪资。其次，在后续应用到该值的时候，可以直接应用常量的标识符，而不必使用具体的数值。最后，当常量值发生变化时，我们只需修改预编译部分的定义即可。例如，随着单位业务发展的需要，人数从先前的 100 人扩充到了 150 人，我们只需要将"#define COUNT 100"修改为"#define COUNT 150"即可。

整型数据变量在 LoadRunner 中应用的脚本示例如下：

```
#define COUNT 100           //这里定义人数合计 COUNT，其值为100
#define SALARY 4000         //每个人的薪水平均值 SALARY，其值为4000
Action ()
{
int total;
total = COUNT * SALARY;
lr_output_message("100 人合计薪资支出为:%d",total);
return 0;
}
```

上面的脚本"int total;"即为我们定义的一个整型变量，变量的名称为"total"，其用于存放合计支出的金额，我们可以将计算出的合计薪资支出通过格式化输出，分别表示为十进制(%d)、八进制(%o)以及十六进制(%x)，参见在 LoadRunner 中应用的脚本示例。

```
#define COUNT 100           //这里定义人数合计 COUNT，其值为100
#define SALARY 4000         //每个人的薪水平均值 SALARY，其值为4000

Action ()
{
int total,i,j;
total = COUNT * SALARY;
lr_output_message("100 人合计薪资支出为(十进制)：%d", total);
lr_output_message("100 人合计薪资支出为(八进制)：%o", total);
lr_output_message("100 人合计薪资支出为(十六进制)：%x", total);
return 0;
}
```

这段脚本的输出结果为：

```
Running Vuser...
Starting iteration 1.
Starting action Action.
Action.c(8):100 人合计薪资支出为(十进制):400000
Action.c(9):100 人合计薪资支出为(八进制):1415200
Action.c(10):100 人合计薪资支出为(十六进制):61a80
```

```
Ending action Action.
Ending iteration 1.
Ending Vuser...
```

除了我们在上面脚本中看到的十进制、八进制、十六进制格式输出符"%d"、"%o"、"%x"，还有哪些格式化输出符号呢？如表 3-2 所示。

表 3-2　格式化输出符号

格式字符	意　义
d	以十进制形式输出带符号整数(正数不输出符号)
o	以八进制形式输出无符号整数(不输出前缀 0)
x,X	以十六进制形式输出无符号整数(不输出前缀 0x)
u	以十进制形式输出无符号整数
f	以小数形式输出单、双精度实数
e,E	以指数形式输出单、双精度实数
g,G	以%f 或%e 中较短的输出宽度输出单、双精度实数
c	输出单个字符
s	输出字符串

实型也称为浮点型。实型常量也称为实数或者浮点数。在 C 语言中，实数只采用十进制。它有两种形式：十进制小数形式(如：25.0)、指数形式(如：2.2E5(等于 2.2*10^5))。实型变量分为：单精度(float 型)、双精度(double 型)和长双精度(long double 型)3 类。

参见在 LoadRunner 中应用的脚本示例：

```
#define PI 3.14
Action()
{
float r = 5. 5, s;
double r1 = 22.36, s1;
long double r2 = 876.99, s2;
s = PI * r * r;
s1 = PI * r1 * r1;
s2 = PI * r2 * r2;
lr_output_message("半径为%.2f 的面积为:%f",r,s);
lr_output_message("半径为%.2f 的面积为:%f",r1,s1);
lr_output_message("半径为%.2f 的面积为:%f",r2,s2);
return 0;
}
```

其输出结果为：

```
Running Vuser...
Starting iteration 1.
Starting action Action.
Action.c(13):半径为 5.50 的面积:63.584999
Action.c(14):半径为 22.36 的面积:1569.904544
Action.c(15):半径为 876.99 的面积:2415009.984714
Ending action Action.
Ending iteration 1.
Ending Vuser...
```

在进行格式化输出的时候应用了"%.2f",这是什么意思呢?因为我们要输出的数据类型为浮点数,所以应该用"%f",那么为什么还有".2"呢?是因为在这里只想输出小数点后面两位,所以应用了"%.2f"。

字符型数据包括字符常量和字符变量。通常,我们用单引号括起来的一个字符,表示一个字符类型的常量,如'a'、'K'等。以下两点需要注意:

(1) 字符常量只能用单引号括起来,而不能用其他符号;

(2) 字符常量只能是单个字符,不能是字符串,如"abc"这样的定义是不合法的。

字符变量的类型说明符是 char。每个字符变量被分配一个字节的内存空间,因此只能存放一个字符。字符值是以 ASCII 码的形式存放在变量的内存单元之中的。如字母 x 的十进制 ASCII 码是 120,y 的十进制 ASCII 码是 121。所以也可以把它们看成是整型量。C 语言允许对整型变量赋以字符值,也允许对字符变量赋以整型值。在输出时,允许把字符变量按整型量输出,也允许把整型量按字符量输出。

关于字符类型,参见下面在 LoadRunner 中应用的脚本示例代码:

```
#define CHAR 'x'
Action()
{
char x = 'y';
int num = 121;
lr_output_message("常量 CHAR 用字符表示为:%c",CHAR);
lr_output_message("常量 CHAR 用整数表示为:%d",CHAR);
lr_output_message("整型变量 num 用整型表示为:%d",num);
lr_output_message("整型变量 num 用字符表示为:%c",num);
lr_output_message("字符型变量 x 用整型表示为:%d",x);
lr_output_message("字符型变量 x 用字符表示为:%c",x);
return 0;
}
```

上面的脚本输出内容为:

```
Running Vuser...
Starting iteration 1.
```

```
Starting action Action.
Action.c(8):常量 CHAR 用字符表示为:x
Action.c(9):常量 CHAR 用整数表示为:120
Action.c(10):整型变量 num 用整型表示为:121
Action.c(11):整型变量 num 用字符表示为:y
Action,c(12):整型变量 num 用字符表示为:y
Action.c(13):字符型变量 x 用整型表示为:121
Action.c(14):字符型变量 x 用字符表示为:y
Ending action Action.
 Ending iteration 1.
Ending Vuser...
```

与字符类型常量不同的是，字符串常量是由一对双引号括起来的字符序列，且字符常量占一个字节的内存空间，而字符串常量占的内存字节数等于字符串中字节数加 1，增加的一个字节中存放字符"0"(ASCII 码为 0)，这是字符串结束的标志。

3.2.3　常量与变量

现实世界中的数据在计算机中可以用数据类型描述，但具体表现为什么形式呢？它以常量或变量形式存在。

1. 常量与符号常量

顾名思义，常量就是在程序运行期间，其值不能被改变的量。常量有两种：直接常量和符号常量。

直接常量指 C 语言中出现的具体的数值，如：3、56.7、'a'、"Hello!"等。

符号常量是在程序中用一个特定的标识符表示某一数据。在程序中，可以使用符号常量代表某一数值。例如：在数学计算中用到圆周率的地方用π表示(在 C 语言中可用 PI 表示)。符号常量通常在程序的开头定义，程序中凡是使用这些常量的地方都可以写成相应的标识符。在程序预处理时，凡是出现常量标识符的地方都将用具体的数据替换。

符号常量的命名应遵循标识符命名规则。

符号常量的定义格式如下：

```
#define 标识符 常量数据
```

例如：

```
#define PI 3.14
#define MAX 100
#define EOF 0
```

当定义了符号常量 PI，在程序中所有需要用到 3.14 的地方，全部都可以写成 PI。

使用符号常量的好处有以下两点。

(1) 含义清楚。定义符号常量时尽量做到"见名知意"。例如，需要将圆周率π定义为符号常量，因为 C 语言中"π"不是一个合法的标识符，所以可以这样定义：

```
#define PI 3.14
```

这样用户一见到"PI"就知道它代表的是圆周率。

(2) 使用符号常量能做到"一改全改"。例如上述定义 PI 代表的是 3.14，假设需要更高的精度，如"3.14159265"，如果不使用符号常量，则程序中所有用到 3.14 的部分都需要找出来修改，免不了会有疏漏。但使用符号常量，只需要在定义处进行修改即可。例如：

```
#define PI 3.14159265
```

2. 变量

变量是用来存储程序运行中输入的数据和计算结果的存储单元。变量代表计算机内存中的某一存储空间，变量的值在程序运行期间可以改变。

变量有三要素：变量名、变量类型、变量值。变量名代表了变量在内存中的地址；变量类型决定变量的存储方式及长度。

C 语言要求所有的变量都必须先定义后使用。对变量进行定义实际上是声明变量的数据类型，编译系统根据声明的数据类型为变量分配相应的存储空间，在该存储空间中存放该变量的值。

变量的定义形式为：

```
类型标识符 变量名1 [,变量名2,变量名3...];
```

例如：

```
int a;
float b,c;
```

在变量的定义中要注意以下几个问题。

(1) C 语言规定变量的定义一般放在函数体开头的声明部分(除了复合语句中定义的变量)。

(2) 允许同时定义多个同一类型的变量，变量名之间以逗号","分隔，最后一个变量名后以";"结束。

(3) 类型标识符与变量名之间至少隔开一个空格。

(4) 变量名遵循 C 语言标识符的命名规则。

(5) 在同一程序块中，变量不能被重复定义。

在定义变量的同时给变量一个初始值称为变量的初始化。例如：

```
int a=5, b=3;
```

表示定义两个整型变量 a、b，并分别对 a、b 进行初始化，a 中的初值为 5，b 中的初值为 3。

```
double x=3.5;
```

定义一个双精度型变量 x，并对其赋初值 3.5。

如果想定义三个变量 a、b、c 并为其都赋初值 3，若采取如下写法：

```
int a=b=c=3;
```

是错误的。

可以改成：

```
int a,b,c;
a=b=c=3;
```

或：

```
int a=3;b=3;c=3;
```

变量实际上代表了内存中的一段空间，类似于一个容器。可以对该空间存入数据，也可以取出该空间中的数据。存入数据的操作称为"赋值"；取得变量的值的过程称为"取值"。

例如：

```
int a,b;
a=2;
b=a;
```

第一条语句定义两个变量 a、b。

第二条语句为赋值操作，即将 2 赋给变量 a，也就是说将 2 存入变量 a 在内存中的存储空间中。

第三条语句是取出变量 a 的值赋给变量 b。所以该语句对于变量 a 是取值操作，对于变量 b 是赋值操作。

3.2.4　整型数据

整型数据即是整数数据，也就是没有小数部分的数值。

1. 整型常量

在 C 语言中整型常量可以有十进制、八进制、十六进制等几种形式。

(1) 十进制形式：与数学上的整数表示相同。例如：15、−100、0。

(2) 八进制形式：在数码前加数字 0。例如：012、034 等。其中 012=1*8^1+2*8^0=10(十进制)。

(3) 十六进制形式：在数码前加 0x 或 0X(数字 0 和字母 x 或 X)。例如：0x12、0x3e、0xff 等。其中 0x12=1*16^1+2*16^0=18(十进制)。

2. 整型变量

整型变量中可存储正整数、负整数和 0，不能出现小数。整型数据在内存中都是以二进制补码形式表示。

1) 整型变量的分类

根据整型数据在内存中所占的存储长度的不同，可将整型变量分为以下三类。

- 基本整型：类型标识符为 int。
- 短整型：类型标识符为 short int，可简写成 short。
- 长整型：类型标识符为 long int，可简写成 long。

整数又分为有符号整数(signed)和无符号整数(unsigned)两种。因此，整型变量可以组合出六种类型：

- 无符号整型(unsigned int)；
- 无符号短整型(unsigned short)；
- 无符号长整型(unsigned long)；
- 有符号整型(signed int)；
- 有符号短整型(signed short)；
- 有符号长整型(signed long)。

有符号整型在定义时，可以省略 signed。

2) 整型变量的值域

变量代表了内存中的一段存储空间，存储空间的大小是有限制的，所以并不是所有的整数都可以用整型变量来表示。比如：ANSI C 规定 int 型占两个字节，表示范围在 −32 768 ~ 32 767 之间。如果将超过这个范围的数据赋给 int 型变量，将会溢出。但 C 语言中编译系统并不提示"溢出错误"。

其实在不同的编译器中，整型变量所占的字节是不一样的，例如在 Turbo C 中，一般用

2 字节(16 位)表示一个 int 型变量，long 型(4 字节)≥int 型(2 字节)≥short 型(2 字节)。

而在 VC++6.0 环境中，用 4 字节表示一个 int 型变量，且 long 型(4 字节)≥int 型(4 字节)≥short 型(2 字节)。

所以，不同类型的整型变量，其值域是不同的，与其所占用的内存字节数有关。例如，在 Turbo C 中，有符号整型变量，其值域为：$-2^{(n*8-1)}\sim(2^{(n*8-1)}-1)$。

无符号整型变量的值域为：$0\sim(2^{(n*8)}-1)$。

3) 整型变量的定义及使用

整型变量也必须"先定义，后使用"。其定义格式为：

整型类型标识符 变量名 1 [,变量名 2,变量名 3...];

例如：

```
int a,b;              /*定义两个整型变量a、b*/
short c=2,d;          /*定义短整型变量c、d，并为c初始化数据2 */
unsinged long m,n     /*定义两个无符号长整型变量m、n*/
```

3.2.5 浮点型数据

浮点型数据即实数。

1. 浮点型常量

实型常量有十进制小数形式和指数形式两种。

(1) 十进制小数形式：由数字和小数点组成。例如：3.4、4.0、.5、.8。

(2) 一般对于非常大或非常小的数值，常用指数形式表示。其表现为："十进制小数"+e(或 E)+"十进制整数"。

例如：

```
12.5e-6    表示 12.5×10⁻⁶
0.3E3      表示 0.3×10³
```

2. 浮点型变量

1) 浮点型数据的存储形式

浮点型常量在内存中是以二进制浮点形式表示并存储的。编译系统采用类似十进制的科学表示法编码，如图 3-15 所示。例如 12.4334 表示为 0.124334×10^2，即 0.124334e2。

+	0.124334	2
符号位	小数部分	指数部分

图 3-15 实数 12.4334 的内存存放形式

图 3-15 是用十进制来表示的，实际存储中是用二进制来表示符号和小数部分，用 2 的幂次方表示指数部分。

一个浮点型数据所占的字节中哪些位表示小数部分，哪些位表示指数部分，由 C 编译系统决定。小数部分所占位数越多，数据的精度也就越高。精度越高，有效位数也就越多；而指数部分所占的位数多的话，能表示的数值范围也就越大。

2) 浮点型数据的分类

C 语言中浮点型变量分为两类。

- 单精度型：类型标识符为 float，一般占 4 个字节(32 位)，取值范围在 $3.4×10^{-38}$ ~ $3.4×10^{38}$，提供 7 位有效数字。

- 双精度型：类型标识符为 double，一般占 8 个字节(64 位)，取值范围在 $1.7×10^{-308}$ ~ $1.7×10^{308}$，提供 16 位有效数字。

3) 浮点型变量的定义及使用

浮点型变量的定义：

```
浮点型类型标识符 变量名 1 [,变量名 2,变量名 3...];
```

实型常量在内存中都以 double 型存储。一个实型常量可以赋给一个 float 型或 double 型变量，但是如果将一个实型常量赋给 float 型变量时，例如：

```
float a;
a=3.42;
```

程序编译时往往会报一个警告错误(warning)，但可以不用理会。

不管是单精度还是双精度，在内存中占的字节都是有限的，这就代表着它不能包括所有的实数，比如一些实数太大或太小；而一些实数的精度要求太高，超出有效数字位数以外的数字会被认为是无效数字。

3.2.6 字符型数据

C 语言中字符型数据包括字符和字符串两种。

1. 字符常量

在 C 语言中，一个字符型常量代表 ASCII 字符集中的一个字符，在程序中用单引号把一个字符括起来作为一个字符常量。如：'A'、'1'、'?'等。

在 C 语言中定义了一些字母前加"\"来表示常见的那些不能显示的 ASCII 字符，如 '\0'、'\n'等，称为转义字符。表 3-3 所示为转义字符及其说明。

表 3-3 转义字符及其说明

字符形式	功　能	字符形式	功　能
\n	回车换行	\\	反斜杠字符
\t	横向跳格	\'	单引号字符
\v	竖向跳格	\"	双引号字符
\r	回车符(本行开头)	\ddd	三位八进制数代表的一个 ASCII 字符
\f	换页符	\xhh	两位十六进制数代表的一个 ASCII 字符
\b	退格符	\0	空值

2. 字符变量

1)　字符变量的存储形式

字符变量用来存储字符型常量，一个变量只能存放一个字符，占一个字节，在内存中存储的是该字符的 ASCII 值的二进制形式，例如，字符'A'在内存中的存储形式如图 3-16 所示。

0	1	0	0	0	0	0	1

图 3-16　字符'A'的存储形式

2)　字符变量的定义

字符变量的类型标识符为 char，其定义形式为：

```
char 变量名1 [,变量名2,变量名3...];
(字符型可参与数学运算，也可看成是一种一字节的整型变量)
```

例如：

```
char c1,c2;   /*定义了两个字符变量*/
```

3) 字符变量的特性

每个字符型数据在内存中占一个字节，存储的是该字符的 ASCII 码，该 ASCII 码是一个无符号整数，其存储形式和整数的存储形式一样，所以 C 语言允许字符型数据与整型数据进行混合运算，运算时是使用字符的 ASCII 值来实现的。

所以，一个字符型数据，既可以以字符形式输出，也可以以整数形式输出。

3. 字符串常量

字符串常量是由双引号括起来的一串字符。例如"Hello"、"Beijing"等。

在 C 语言中，系统在每个字符串的最后自动加入一个字符'\0'作为字符串的结束标志。'\0'占用一个字节，在用户书写字符串时不需特意添加，系统会自动添加。

两个连续的双引号""也是字符串常量，称为空串，空串同样需要字符串结束标志'\0'。

3.2.7 运算符与表达式

C 语言中的运算符主要包括算术运算符、关系运算符、逻辑运算符、位运算符及其他一些可以完成特殊任务的运算符。用运算符将操作数连接起来，就形成了表达式。

1. 运算符与表达式的相关概念

1) 运算符

运算符就是表示某种运算功能的符号。按操作功能，运算符大致可分为：算术运算符、关系运算符、逻辑运算符、赋值运算符、条件运算符、逗号运算符以及位运算符等。正确掌握这些运算符的使用非常重要。C 语言的运算符归纳为表 3-4。

表 3-4 C 语言运算符

运算符类别	运 算 符	运算形式	结合方向
算术运算符	+、-	双目运算	自左向右
	*、/、%	双目运算	自左向右
	++、--	单目运算	自右向左
关系运算符	>、<、>=、<=	双目运算	自左向右
	!=、==	双目运算	自左向右
逻辑运算符	! (逻辑非)	单目运算	自右向左
	&&(逻辑与)	双目运算	自左向右
	||(逻辑或)	双目运算	自左向右

运算符类别	运 算 符	运算形式	结合方向
位运算符	~(按位求反)	单目运算	自右向左
	&(按位与)	双目运算	自左向右
	^(按位异或)	双目运算	自左向右
	|(按位或)	双目运算	自左向右
	<<、>>(左移、右移)	双目运算	自左向右
指针运算符	*、&	单目运算	自右向左
其他运算符	()、[ ]、　→、　.	单目运算	自左向右
求字节长度运算符	sizeof	单目运算	自右向左
强制类型转换运算符	(类型说明符)	单目运算	自右向左
赋值运算符及复合赋值运算符	=、+=、−=、*=、/=	双目运算	自右向左
条件运算符	(?　:)	三目运算	自右向左
逗号运算符	,	双目运算	自左向右

2)　表达式

表达式是将操作对象、运算符及括号连接起来的符合 C 语言语法规则的序列。表达式中的操作对象既可以是常量、变量，也可以是数组元素和函数值。

例如：1+2*3-4、3>5-7、a=b%2 等都是 C 语言中的表达式。

C 语言的运算符非常丰富，既可以组成加减乘除等简单的数学表达式，也可以实现用于低级机器运算的按位操作表达。同时多种不同的运算符可以混合使用，形成较复杂的运算。

3)　优先级

在一个数学式子里，如：3+4×7-2，其运算规则是：先乘除后加减，即乘除的优先级要比加减的优先级高。同样，在 C 语言中每个运算符都有自己的优先级。

2. 算术运算符与算术表达式

程序设计中有大部分问题需要涉及算术运算，这就需要使用算术运算符和算术表达式。算术运算符可以对整型和实型数据进行操作。

1)　基本算术运算符

C 语言中的基本算术运算符有以下 4 种。

加法运算符"+"，例如：3+4、13.3+7。

减法运算符"-"，例如：3-5、7.3-2、'a'-32。

乘法运算符"*"，例如：3*5、2.5*6。

除法运算符 "/"，例如：5/2、5.0/2。

2) 算术表达式

算术表达式就是将操作数用算术运算符和括号连接起来的、符合 C 语言规则的式子。操作数既可以是常量、变量，也可以是函数值。例如：

```
3+21/5-30, 2*PI*r, -b+sqrt(b*b-4*a*c)/(2*a)
```

sqrt()是求平方根函数。

上述算术运算符均为双目运算符，即要求参与运算的对象有两个；且均具有左结合性，即同级运算符的运算规则为从左至右。

在算术运算符中乘法运算符 "*"、除法运算符 "/"、求余运算符 "%" 高于加法运算符 "+" 和减法运算符 "-"。但如果+、-是以正号、负号的形式出现，则为单目运算，具有右结合性；且优先级高于*、/等。算术表达式中出现括号的话，括号的优先级最高。

3) 自增与自减运算符(++、--)

自增运算符(++)使操作数的值增 1；自减运算符(--)使操作数的值减 1。

自增运算符与自减运算符都有两种使用形式。

(1) 前置形式。++i，--i：先使变量 i 的值增 1(或减 1)，然后再以变化后的变量的值参与其他运算。

(2) 后置形式。i++，i--：先让变量参与其他运算，然后使变量 i 的值增 1(或减 1)。

当++、--不参与其他运算时，即 i++或++i 作为一条语句出现时，++i 与 i++都等价于 i=i+1，--i 与 i--都等价于 i=i-1。

自增运算符与自减运算符都具有右结合性，所以如果有：

```
int i=3,y;
y=-i++;
```

因为++的右结合性，所以 y=-i++等价于 y=-(i++)，所以 y 的值为-3，而 i 的值为 4。

3. 关系运算符与关系表达式

关系运算符主要用于比较运算，即判断两个数据是否符合设定的关系。例如 x>y，就是判断 x 是否比 y 大，如果 x 的值为 5，y 的值为 3，那么 x>y 成立，其结果为 "真"；而若 x=5，y=7，那么 x>y 不成立，结果为 "假"。关系运算的结果只能是 "真" 或 "假"。C 语言规定：用 "0" 表示 "假"，用整数 "1" 表示 "真"。

1) 关系运算符

C 语言中的关系运算符共有 6 种。

● <：小于。

- <=：小于等于。
- >：大于。
- >=：大于等于。
- ==：等于。
- !=：不等于。

关系运算符中"<"、"<="、">"、">="这四种运算符优先级相同,"=="、"!="的优先级也相同,且前四个的优先级高于后两个。

关系运算符都是双目运算符,且结合性为自左向右。

2) 关系表达式

用关系运算符将两个表达式连接起来的式子称为关系表达式。例如:

```
a>b、x+y!=z、m%2==0
```

都是合法的关系表达式。

4. 逻辑运算符与逻辑表达式

对于比较复杂的关系判断,可以用逻辑运算符来连接。参加逻辑运算的操作数称为逻辑量,C 语言没有专门的逻辑类型数据,所以 C 语言中逻辑量可以是字符型、整型、浮点型等数据类型。C 语言规定,非 0 的数据表示逻辑真,而 0(包括 0、0.0、'\0'等形式)表示逻辑假。其实,关系表达式就是简单的逻辑表达式,所以,逻辑表达式的值也只能是"真"或"假",用"0"表示"假",用整数"1"表示"真"。

C 语言提供了 3 种逻辑运算符。

- !：逻辑非。
- &&：逻辑与。
- ||：逻辑或。

C 语言中参与逻辑运算的操作数可以是字符型、整型、浮点型等数据类型。

1) 逻辑非(!)

逻辑非是单目运算。表示对操作数取反,当操作数为 0,取反后,表达式的值为 1;当操作数非 0,表达式的值为 1。例如:

```
int a=2,b=5;
! a    ( 对a取反, a值为2, 代表真, 取反后结果为0)
! (a+3>b) ( 先算 a+3>b, 值为1, 对0取反后为1)
```

2) 逻辑与(&&)

逻辑与是双目运算,当逻辑与运算符两边的操作数都为真,结果才为真。逻辑与运算

的执行类似于图 3-17(a)所示的串联电路，假设开关闭合状态代表"真"，断开状态代表
"假"；将灯泡亮的状态代表"真"，灭的状态代表"假"。那么，只有当 K1、K2 开关
全部闭合(真)，灯泡 P 才会亮(真)，其他情况灯泡都不会亮。逻辑与的真值表如表 3-5 所示。

例如：

```
int a=3,b=0,c,d;
c=a&&b;
d=a&&b+1;
```

c 的值为假"0"，而 d 的值为真"1"，因为算术运算的优先级高于逻辑运算，所以先
算 b+1，再计算逻辑与操作。

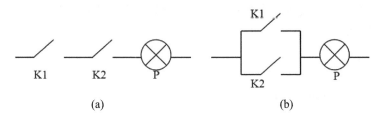

图 3-17 逻辑与、逻辑或的示意图

表 3-5 逻辑运算的真值表

a	b	!a	a&&b	a||b
0	1	1	0	1
0	0	1	0	0
1	1	0	1	1
1	0	0	0	1

3) 逻辑或(‖)

逻辑或也是双目运算。参加逻辑或运算的两个操作数只要有一个为真，结果就为真；
两个操作数均为假的时候，结果才为假。逻辑或的执行类似于图 3-17(b)所示的并联电路，
只要两个开关 K1、K2 有一个闭合(真)，灯泡 P 就会亮(真)。

例如：

```
int a=3,b=5,c,d;
c=a||b;
d=a-3||b-5;
```

c 的值为 1，因为操作数 a、b 都为真。而 d 的值为 0，因为算术运算符的优先级高于逻

辑运算符，先算 a-3、b-5，值均为零。所以结果为 0。

逻辑运算的优先级如下。

(1) C 语言中规定在逻辑运算中，"!"(逻辑非)运算优先级最高，其次为"&&"(逻辑与)运算，最后是"||"(逻辑或)运算。

(2) 如果逻辑运算符与其他运算符混合运算，优先次序从高到低为：

! →算术运算符→关系运算符→&&→||。

(3) 逻辑运算符的结合性为自左向右。例如：

```
a||b||c
```

其执行次序为：(a||b)||c。

5. 赋值运算符与赋值表达式

1) 赋值运算符

C 语言的赋值运算符为"="，作用是将赋值号左边的表达式的值赋给右边的变量所对应的内存存储空间。例如：

```
a=3         /*将 3 赋给变量 a*/
x=x+100     /*先计算 x+100 的值，并将计算结果存入变量 xa*/
```

2) 赋值表达式

赋值表达式是指用赋值运算符将变量和表达式连接起来的式子。

赋值表达式的形式：

```
<变量>=<表达式>
```

赋值号右侧的表达式可以是任意合法的表达式，也可以又是一个赋值表达式。例如，前面用过 x=y=3 的形式，其实质就是：先将 3 的值赋给变量 y，再将 y 的值赋给变量 x。

赋值运算符的优先级如下。

赋值运算符的优先级低于算术运算符，位于逻辑或运算之后。例如：

```
x = 3 > 4 || 7
```

先计算表达式 3 >4 的值，为 0，再计算 0 || 7，值为 1，最后执行赋值运算，将 1 赋给变量 x。

赋值运算符的结合性为自右至左。例如：

```
x=y=12/4
```

先执行 12/4，结果为 3，之后将 3 赋给变量 y，再将 y 的值 3 赋给 x。

3) 复合赋值运算符

在赋值运算符 "=" 前加上其他一些双目运算符如 "+" 或 "-" 等，可以构成复合赋值运算符。

C 语言提供的复合赋值运算符有以下 10 个:

*=、 /=、 %=、 +=、 -=、 <<=、 >>=、 &=、 ∧=、 |=。

复合赋值运算符虽然是一个运算符，但可以完成运算、赋值两个运算符的功能。

例如:

```
x+=y   相当于   x=x+y
x*=y   相当于   x=x*y
```

3.2.8 基本语句

C 语言语句可分为五类: 简单语句、复合语句、函数调用语句、空语句、流程控制语句，如图 3-18 所示。

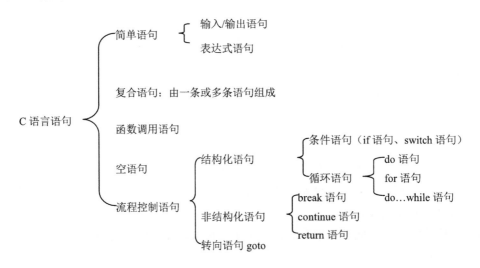

图 3-18 C 语言语句的分类

1. C 语言语句简介

1) 表达式语句

表达式语句是指由一个表达式组成的语句，作用是计算表达式的值或对变量赋值，一般使用形式为:

```
表达式;
```

例如:

```
i++;
x=5;
```

2)　函数调用语句

函数调用语句用来完成对函数的调用,实现数据传递。由函数调用加上";"构成,一般形式为:

```
函数名(实参列表);
```

具体函数调用语句将在后面介绍。

3)　空语句

空语句在执行时不起任何作用,其形式为:

```
;
```

空语句一般起到以下两个作用。

(1)　用于延时,即消耗 CPU 的计算时间。

(2)　起到占位符的作用。例如:

```
if(表达式)
语句1;
else
;
```

以上 if 语句中,为了结构对称,在 else 的后面加入了空语句。有时,在大型项目开发中,else 部分可能会涉及其他编程人员所编写的代码,所以可先用空语句占位。

2. 顺序结构

顺序结构程序设计是 C 语言中最简单的一种结构,只要按照算法写出相应的语句即可。顺序结构程序一般由表达式语句、函数调用语句组成,程序流程图如图 3-19 所示。程序的执行按照语句的书写顺序执行:自上而下、逐步执行。每一条语句都会被执行到。

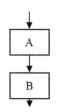

图 3-19　顺序结构程序流程图

这是一个简单的顺序结构,注意的是这种结构中的语句顺序不能调整,例如把 scanf 与 printf 语句交换,将不能得到正确的结果,因为 scanf 代表程序的数据输入部分,而 printf 代表数据输出部分,得到正确的结果的前提是必须输入正确的原始数据。

1) if 语句

if 语句也可称为条件语句,是根据所给定的条件的值是真还是假,决定执行不同的分支。if 语句有单分支、双分支、多分支及 if 语句的嵌套等多种形式。

```
if(条件表达式)
{
语句组1;
}
```

if 后面的"条件表达式",除了可以是关系表达式或逻辑表达式外,也可以是其他类型的数据,如普通的整型、实型、字符型的常量或变量,但这些数据都看作逻辑值。例如:

```
if(a)
{
    …
}
```

如果 a 不为 0,执行语句;否则跳过,执行 if 语句后面的语句。

注意:

```
if(1)
{
…
}
```

这样写,在语法上没有问题,但括号中的"1"起不到逻辑判断的作用,所以没有任何实际意义。

if 语句中的"条件表达式"必须用"("和")"括起来。

当 if 下面的语句组只有一条语句时,可以不使用复合语句的形式,即将大括号"{"和"}"去掉,但多条语句必须使用复合语句形式。

例如:

当 a>b 时,交换 a 和 b 的值。

```
if(a>b)
    t=a;
    a=b;
    b=t;
```

执行时,如果 a=2, b=4,执行后,a 的值为 4,而 b 的值不为 4,而是"-858 993 460"。这是由于没有使用复合语句形式,所以,只有"t=a;"属于 if 语句。则本程序 a 不大于 b,

所以执行 if 语句后面的其他语句，则执行 a=b; b=t;，而 t 只定义，未赋值，是一个不确定的值，应将该程序改写为：

```
if(a>b)
{
    t=a;
    a=b;
    b=t;
}
```

当条件表达式的值为"真"时，执行语句组；当值为"假"时，跳过语句，直接执行 if 语句后面的其他语句。执行过程如图 3-20 所示。

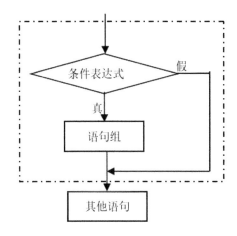

图 3-20　单 if 语句的执行过程

2)　双分支 if 语句

```
if(条件表达式)
{
    语句组1;
}
else
{
    语句组2;
}
```

同单 if 结构一样，双分支 if 语句中的"条件表达式"可以是任意合法的 C 语言表达式。

"语句组 1"和"语句组 2"可以是一条语句，也可以是多条语句，如果是一条语句，可以省略大括号。

在双分支 if 结构中，else 子句(可选)是 if 语句的一部分，必须与 if 配对使用，不能单独使用。

当条件表达式的值为"真"时，执行语句组 1；当条件表达式的值为"假"时，执行语句组 2。两组语句只能执行其中的一个，执行完毕后，执行 if 语句后面的其他语句。执行过程如图 3-21 所示。

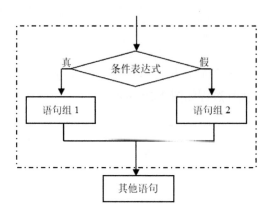

图 3-21　双分支 if 语句的执行过程

例如：有条件表达式 max=(a>b?a:b)，可改写为 if 语句：

```
if(a>b)
    max=a;
else
    max=b;
```

3)　多分支 if 语句

多分支 if 语句一般用于对某一事件可能出现的多种情况的处理。通常表现为"如果满足某种条件，就进行某种处理，否则判断是否满足另一种条件，执行另一种处理等"。例如：某人上班，如果步行，需要 50 分钟；如果坐公交车，需要 30 分钟；如果自己开车，则只需要 20 分钟。

```
if(表达式1)
{
    语句组1；
}
else if(表达式2)
{
    语句组2；
}
else if(表达式3)
{
```

```
    语句组 3;
}
…
else
{
    语句组 n;
}
```

多分支 if 结构中出现的"表达式"都可以是任意合法的 C 语言表达式。

表达式 1 和表达式 2 是必要的参数,其他参数可选。

注意在 else 和 if 之间有空格,不要连在一起写成 elseif。

首先计算表达式 1 的值,当表达式 1 的值为"真"时,执行语句组 1。否则计算表达式 2 的值,当表达式 2 的值为"真"时,执行语句组 2;如果表达式 2 的值也不成立,则计算表达式 3 的值,如果为"真",执行语句组 3……如果所有的表达式的值都不为"真",则执行 else 后面的语句组。执行过程如图 3-22 所示。

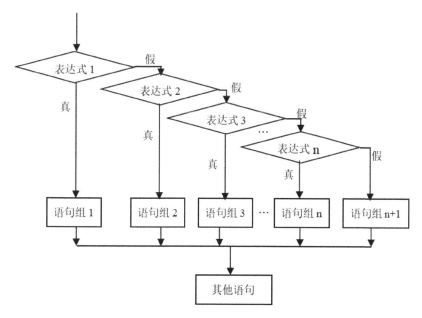

图 3-22　多分支 if 语句的执行过程

3. while 语句

while 语句可实现"当型"循环,即,当条件成立时,执行循环体。

while 语句适合于无法确定循环执行次数的情况。特点是:先判断表达式,后执行循环体。其一般形式如下：

```
while(表达式)
{
    循环语句
}
```

其中：

(1) 表达式为循环控制条件，一般是关系表达式或逻辑表达式的形式。例如：

```
i<=100
i>=0 && i<=100
```

循环控制条件也可以是任意合法的 C 语言表达式。例如：

```
while(1)
```

也是合法的。但注意尽量不要这样用，因为可能导致死循环。

(2) 循环语句可以是一条简单语句，也可以是多条语句；如果是一个以上的语句，必须用大括号"{"和"}"括起来，以复合语句的形式出现。例如：

```
i=1;
while (i<=100)
    putchar('*');
i++;
```

程序的原意是想输出 100 个'*'，但由于循环体没有使用花括号括起来，因此导致系统认为只有"putchar('*');"这一条语句是循环语句，"i++;"不属于循环体，所以 i 的值总是为 1。那么 i 永远小于等于 100，所以这个循环将永远不结束，是一个死循环。

循环语句也可以是空语句，例如：

```
while(i<10);
```

循环体中的空语句可以表示循环不做任何操作，可能只是为了消耗 CPU 的计算时间；也有可能是为了占位而暂时使用空语句的形式。

while 语句的执行过程如下。

计算表达式的值，如果表达式的值为非 0，则进入循环，执行循环语句，执行完循环语句后转到循环语句开始处，再次判断表达式的值，如果仍为非 0，继续执行循环体，直到循环表达式的值为 0，就退出循环。

while 语句的具体执行流程如图 3-23 所示。

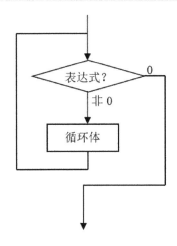

图 3-23　while 语句执行流程

4. do…while 语句

C 语言中的 do…while 语句可以实现"直到型"循环。通俗地讲，就是：执行循环体，直到条件不再成立，就退出循环。

do…while 语句同 while 语句一样，也适合于循环次数不确定的情况。do…while 循环的特点是：先执行循环体，再测试条件是否成立。

do…while 语句的一般形式为：

```
do
{
    循环语句
}while(表达式);
```

其中：

(1) 表达式为循环控制条件，通常是关系表达式或逻辑表达式的形式，也可以是任意合法的 C 语言表达式。

(2) 虽然在 do…while 语句中，当循环语句是一条简单语句，可以不加大括号，但还是建议不论是单条语句还是多条语句，尽量都以复合语句的形式出现，以保证程序结构清晰。

(3) 循环语句也可以是空语句，例如：

```
do
{
    ;
}while(i<10);
```

(4) do...while 语句中 while 后面的 ";" 不可以省略。

do...while 语句的执行过程为：先执行一次循环体，遇到循环条件，计算并判断循环表达式是否为非 0，如果为非 0，继续执行循环体，否则结束循环。

do...while 语句的执行流程如图 3-24 所示。

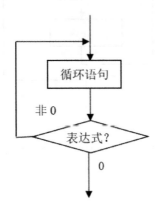

图 3-24 do...while 语句的执行流程

关于 do...while 语句有 3 个方面需要注意。

(1) 从流程图中看出，do...while 语句中，哪怕从最开始时循环表达式就不成立，循环语句也至少被执行一次。例如：

```
int i=21;
do
{
    printf("%d\n",i);
    i++;
}while(i<20);
```

程序中，变量 i 的初值为 21，遇到 do...while 语句，先执行循环体：输出 i，并使 i 增 1。之后判断循环条件 i<20 是否成立，i 的值此时已是 22，循环条件不成立，退出循环。虽然 i 的值最开始就不小于 20，但也执行了一次循环体。

(2) 和 while 语句一样，do...while 语句也在出现下列情况时退出循环：

● 条件表达式不成立(为 0)时；

● 在循环体中遇到 break 语句、return 语句时。

(3) 为了避免程序中出现死循环，循环体中应该有使循环趋近于结束的语句，或者设置能够结束循环的循环条件。例如：

```
int x=0;
do
{

    if(x%2==0)
        printf("%d is even number\n",x);
    else
        printf("%d is not even number\n",x);
    scanf("%d",&x);
}while(x>0 && x<=100);
```

程序需要判断输入的 0~100 之间的一组整数，哪个是偶数，哪个是奇数。因为循环体实现的功能是：输入数据并判断奇偶数。要想结束循环，只要输入一个 0~100 之外的数字即可。所以本程序的循环结束是由用户自己控制，输入一个不符合条件的值来结束循环。

5. for 语句

for 语句又叫计数循环，适用于循环次数已知的情况。

for 语句的一般形式为：

```
for(表达式 1;表达式 2;表达 3)
循环语句
```

其中的组成部分说明如下。

(1) 表达式 1：通常是为循环变量赋初值，一般是一个赋值表达式。

(2) 表达式 2：通常是循环条件，是用来判断循环是否继续执行的关系表达式或逻辑表达式。这个表达式通常与某一个(或多个)变量的值有关，随着这个(些)变量值的改变，表达式的结果发生变化，由此来达到循环条件趋近于 0，从而退出循环。这个(些)变量一般被称为循环变量。

(3) 表达式 3：通常可用来修改循环变量的值，一般是赋值语句，可将表达式 3 称为循环步长。

(4) 循环语句可以是一条语句，也可以是多条语句；如果是多条语句，要使用复合语句的形式。

for 语句的执行过程如下。

(1) 计算表达式 1，通常用于循环开始前对循环变量设置初值。

(2) 计算表达式 2，值为 0 则结束循环，否则执行第(3)步。

(3) 执行循环语句。

(4) 计算表达式 3，返回第(2)步。

for 语句的执行流程如图 3-25 所示。

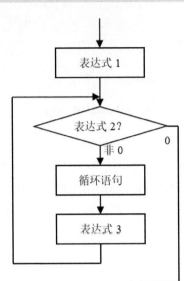

图 3-25　for 语句的执行流程

从执行流程图中可以看出：整个 for 循环过程中，表达式 1 只计算一次，表达式 2 和表达式 3 则可能计算多次。如果开始表达式 2 的值就为 0 的话，循环可以一次也不执行。例如：

```
for(i=10;i<5;i++)
        printf("%d",i);
```

程序中，先将 i 赋值为 10，之后判断表达式 2：i<5 表达式不成立，所以循环一次也不执行。

在某些情况下，for 语句中的表达式 1、表达式 2、表达式 3 都可以省略，而改用其他的方式来实现这些功能。例如：输出 1～20 之间的整数。

正常的程序为：

```
int i;
for(i=1;i<=20;i++)
        printf("%d ",i);
```

(1)　省略表达式 1 的情况：

```
int i=1;            /*定义变量 i 并初始化，相当于表达式 1 的功能*/
    for(;i<=20;i++) /*此处表达式 1 省略，但分号";"不可以省略*/
        printf("%d ",i);
```

(2) 省略表达式 2：

```
for(i=1;;i++)
{
    if(i<=20)
        printf("%d ",i);
    else
        break;    /*使用 break 终止循环*/
}
```

此时 for 语句没有设定循环结束条件，等效于 while(1)语句。如果循环体中没有相应的控制循环退出的手段，则造成死循环。

break 语句用在循环体内，可以终止循环。具体用法将在后面介绍。

(3) 省略表达式 3：

```
for(i=1;i<=20;)
/*省略的表达式 3 放在了循环体中，分号";"同样不可省略*/
{
    printf("%d ",i);
    i++;
}
```

这里需要注意，不要写成如下形式：

```
for(i=1;i<=20;i++)
{
    printf("%d ",i);
    i++;
}
```

这样写，相当于"i++;"语句执行了两次，那么输出的就是 1~20 之间的奇数了。

(4) 也可以将表达式 1、2、3 全部省略，则程序可写成如下形式：

```
int i=1;              /*起到表达式 1 的作用*/
for(;;)
{
    if(i<=20)         /*起到表达式 2 的作用*/
        printf("%d ",i);
    else
        break;
    i++;              /*起到表达式 3 的作用*/
}
```

3.3 Linux 常用辅助命令

3.3.1 清理内存命令

有的场景执行后，发现系统内存消耗较高，为排除干扰，确保每个场景采集的数据不受上一场景影响，尽量在每个场景开始前清理内存。

(1) 内存释放前，查看内存使用情况。

查看释放前的系统内存使用情况，内存占用率为 3572/3918×100%=91.17%(见图 3-26)。

```
[trunk root]$ free -m
```

	total	used	free	shared	buffers	cached
Mem:	3918	3572	345	0	80	3104
-/+ buffers/cache:		387	3530			
Swap:	8189	520	7668			

图 3-26 释放前的内存使用情况

(2) 执行 sync 命令，同步文件系统。

使用 sync 命令以确保文件系统的完整性，sync 命令运行 sync 子例程，将所有未写的系统缓冲区写到磁盘中，包含已修改的 i-node、已延迟的块 I/O 和读写映射文件。说明：释放内存前最好执行 sync 命令一次，防止丢失数据。

释放内存命令需要修改/proc/sys/vm/drop_caches，命令如下：

```
echo 3 >/proc/sys/vm/drop_caches
```

(3) 内存释放后，检查内存释放情况。

用 free -m 或者 sar -r 1 1 命令确定系统内存消耗恢复到了较低状态。此时再运行 free 命令,查看内存释放后的系统内存使用情况，内存占用率为 267/3918×100%=6.82%(见图 3-27)。

```
[trunk root]$ free -m
```

	total	used	free	shared	buffers	cached
Mem:	3918	267	3650	0	0	22
-/+ buffers/cache:		243	3674			
Swap:	8189	520	7668			

图 3-27 释放后的内存使用情况

对比释放前后的两组数据可知，释放前内存使用量是 3572MB，其中 buffer 占用 80MB，cache 占用 3104MB，应用程序使用 387MB。释放后，内存使用量是 267MB，其中 buffer

占用内存空间为 0，cache 占用 22MB，应用程序使用 243MB。

　　说明： 如果用该方法清理后，内存占用仍较高，可以用 top 命令查看哪个进程占用内存较多，如果没有影响，可以杀掉该进程，如果是待测程序的进程，可以先杀掉该进程再重启计算机。

3.3.2　杀掉进程命令

　　我们一般不会主动去杀掉某个进程，除非该进程占用 CPU 或内存较多，影响到我们进行性能测试，可以先通过 top 命令查询该进程号，再执行杀掉进程的命令(kill)，如图 3-28 所示。

```
top - 16:26:59 up 14 days, 14 min,  1 user,  load average: 0.00, 0.00, 0.00
Tasks: 127 total,   1 running, 126 sleeping,   0 stopped,   0 zombie
Cpu(s):  0.0%us,  0.0%sy,  0.0%ni,100.0%id,  0.0%wa,  0.0%hi,  0.0%si,  0.0%st
Mem:   7748144k total,   256496k used,  7491648k free,     1316k buffers
Swap:  4194296k total,        0k used,  4194296k free,    28632k cached

  PID USER      PR  NI  VIRT  RES  SHR S %CPU %MEM    TIME+  COMMAND
 3969 root      20   0 15032 1112  832 R  2.0  0.0   0:00.01 top
    1 root      20   0 19364 1616 1304 S  0.0  0.0   0:00.86 init
    2 root      20   0     0    0    0 S  0.0  0.0   0:00.11 kthreadd
    3 root      RT   0     0    0    0 S  0.0  0.0   0:00.15 migration/0
    4 root      20   0     0    0    0 S  0.0  0.0   0:00.03 ksoftirqd/0
    5 root      RT   0     0    0    0 S  0.0  0.0   0:00.00 migration/0
    6 root      RT   0     0    0    0 S  0.0  0.0   0:00.81 watchdog/0
    7 root      RT   0     0    0    0 S  0.0  0.0   0:00.16 migration/1
    8 root      RT   0     0    0    0 S  0.0  0.0   0:00.00 migration/1
    9 root      20   0     0    0    0 S  0.0  0.0   0:00.14 ksoftirqd/1
   10 root      RT   0     0    0    0 S  0.0  0.0   0:00.74 watchdog/1
   11 root      RT   0     0    0    0 S  0.0  0.0   0:00.23 migration/2
   12 root      RT   0     0    0    0 S  0.0  0.0   0:00.00 migration/2
   13 root      20   0     0    0    0 S  0.0  0.0   0:00.44 ksoftirqd/2
   14 root      RT   0     0    0    0 S  0.0  0.0   0:00.74 watchdog/2
   15 root      RT   0     0    0    0 S  0.0  0.0   0:00.20 migration/3
   16 root      RT   0     0    0    0 S  0.0  0.0   0:00.00 migration/3
```

图 3-28　使用 top 命令

查询到 kill -9 进程号，即可杀掉此 PID 对应的进程。

3.3.3　pwd 命令

执行 pwd 命令可打印当前所在目录，命令格式及执行结果如下：

```
[root@ewp-ebb-app ~] # pwd
/root
```

3.3.4　ls 命令

执行 ls 命令可打印当前目录下所有文件名，命令格式及执行结果如下：

```
[root@ewp-ebb-app ~] # ls
android-0.0.5-C.zip bak egb-0.0.5-C.zip EGbank.zip EGB-iPad.zip
ewp-1.0.1-C.zip java-0.0.5-C.zip
```

3.3.5　cd [dirName]命令

执行 cd [dirName]命令可变换工作目录至 dirName。其中 dirName 可为绝对路径或相对路径。

相对路径的命令示例 cd home，命令格式及执行结果如下：

```
[rootGewp-ebb-app /]# pwd
/
[rootlewp-ebb-app /]# ls
Bin boot dev etc home lib lib64 lost+found
[root8ewp-ebb-app /]# cd home
[rooteewp-ebb-app home]# pwd
/home
```

绝对路径的命令示例 cd /home/test/nmon，命令格式及执行结果如下：

```
[root@ewp-ebb-app home]# pwd
/home
[root@ewp-ebb-app home]# cd /home/test/nmon
[root@ewp-ebb-app nmon] # pwd
/home/test/nmon
```

转到上一级目录的命令为 cd ..，命令格式及执行结果如下：

```
[root@ewp-ebb-app nmon]# pwd
/home/ test/nmon
[ root@ewp-ebb-app nmon]# cd..
[root@ewp-ebb-app test]# pwd
/home/test
```

3.3.6　cat [fileName]命令

备份使用 cat 命令，命令格式及执行结果如下：

```
[hddev@mbApp:/usr]# cat backup.sh
#! /bin/bash
backDir= 'pwd'
#当前备份时间为:
echo "当前备份路径为:" $backDir
bash_Dir=/usr/ebank/buildit/app
```

```
currFileDir=$bash_Dir/mobilebank4_war.ear
/backFileDir=$bash_Dir/backFile/
back FileName=mobilebank'date +%6Y%m%d%H%M%S.tar
cd $currFileDir
#tar-cvf$ backFileName mobilebank.war
```

3.3.7　ls –l 命令

ls -l 可以缩写为 ll，可以查看当前目录下所有文件或目录的属组和访问权限。命令格式
及执行结果如下：

```
[root@ewp-ebb-app nmon]# 11
total 280
-rw-r--r-- 1 root root 21662 Jun 26 11:43 ewp-ebb-app_ 120626_ 1139. nmon
-rw-r--r-- 1 root root 22140 Jun 26 13:25 ewp- ebb-app_ 120626 1325. nmon
-rw-r--I-- 1 root root 18657 Jun 26 14:51 ewp- -ebb-app_ 120626_ 1451. nmon
- rw-r--r-- 1 root root 18338 Jun 26 17:00 ewp-ebb-app_ 120626_ 1700. nmon
-rwxrwxrwx 1 root root 188749 Jun 20 15:33 nmon
```

以上用 ls -l 命令查看某一个目录会得到一个 7 个字段的列表，下面对这些字段进行详
细介绍。

1. 文件类型及权限

列表中的第一个字段长度为 10 位，每一位都代表不同的含义。

● 第 1 位表示文件类型。

　　"-"：表示普通文件。

　　"d"：表示目录。

　　"l"：表示链接文件。

　　"p"：表示管理文件。

　　"b"：表示块设备文件。

　　"c"：表示字符设备文件。

　　"s"：表示套接字文件。

● 第 2～4 位表示文件权限，即创建者/所有者对该文件所具有的权限。

● 第 5～7 位表示组用户权限，即创建者/所有者所在的组的其他用户所具有的权限。

● 第 8～10 位表示其他用户权限，即其他组的其他用户所具有的权限。

其中 r、w、x 和-分别代表如下意思。

r(Read，读取权限)：对文件而言，具有读取文件内容的权限；对目录来说，具有浏览

目录的权限。

w(Write，写入权限)：对文件而言，具有新增、修改文件内容的权限；对目录来说，具有删除、移动目录内文件的权限。

x(eXecute，执行权限)：对文件而言，具有执行文件的权限；对目录来说，该用户具有进入目录的权限。

"-"：代表不具备此权限。例如：

```
-rw-r--r-- 1 root root 762 07-29 18:19 exit
```

表示文件的拥有者 root 对文件有读写权限。

2. 目录/链接个数

列表中的第二个字段表示此文件属于哪个用户。Linux 类系统都是多用户系统，每个文件都有它的拥有者。只有文件的拥有者才具有改动文件属性的权利。当然，root 用户具有改动任何文件属性的权利。对于一个目录来说，只有拥有该目录的用户，或者具有写权限的用户才有在目录下创建文件的权利。

对于目录文件，表示它的第一级子目录的个数。注意此处看到的值要减去 2 才等于该目录下的子目录的实际个数。

3. 所有者及组

列表中的第三和第四个字段分别表示该文件的所有者/创建者(root)及其所在的组(root)。一个用户可以加入很多个组，但是其中有一个是主组，就是显示在第四个字段的名称。

4. 文件大小

列表中的第五个字段表示文件/文件夹的大小，单位为字节。

(1) 如果是文件，则表示该文件的大小。

(2) 如果是目录，则表示该目录符所占的大小，并不表示该目录下所有文件的大小。请注意是文件夹本身的大小，而不是文件夹以及它下面的文件的总大小。

5. 修改日期及时间

列表中的第六个字段表示文件最后修改的日期及时间。

6. 文件名称及属性

列表中的第七个字段表示的是文件的名称：

如果是一个符号链接，那么会有一个"→"箭头符号，后面跟一个它指向的文件名。

文件的颜色则代表了这个文件的属性：

灰白色表示普通文件；

亮绿色表示可执行文件；

亮红色表示压缩文件；

灰蓝色表示目录；

亮蓝色表示链接文件；

亮黄色表示设备文件。

3.3.8　chmod 命令

chmod 命令用于改变文件或目录的访问权限。

文字设定法命令格式如下：

```
chmod [who] [操作符号] [mode] 文件名
```

命令中各选项的含义如下。

(1)　操作对象 who 可是下述字母中的任一个或者它们的组合。

u　表示"用户(user)、文件属主"，即文件或目录的所有者。

g　表示"同组(group)用户、文件属组"，即与文件属主有相同组 ID 的所有用户。

o　表示"其他(others)用户"。

a　表示"所有(all)用户"，它是系统默认值。

(2)　操作符号可以是以下几个。

+：添加某个权限。

-：取消某个权限。

=：赋予给定权限并取消其他所有权限(如果有的话)。

(3)　设置 mode 所表示的权限可用下述字母的任意组合：

r：表示可读。

w：表示可写。

x：表示可执行。

X：只有目标文件对某些用户是可执行的或该目标文件是目录时才追加 x 属性。

s：表示在文件执行时把进程的属主或组 ID 设置为该文件的文件属主。方式"u+s"设置文件的用户 ID 位，"g+s"设置组 ID 位。

t：表示保存程序的文本到交换设备上。

u：表示与文件属主拥有一样的权限。

g：表示与文件属主同组的用户拥有一样的权限。

o：表示与其他用户拥有一样的权限。

在一个命令行中可给出多个权限方式，其间用逗号隔开。例如：

```
chmod g+r,o+r example
```

意思是使同组和其他用户对文件 example 有读权限。

例 1：

```
$ chmod a+x sort
```

即设定文件 sort 的属性为：

文件属主(u) 增加执行权限；

与文件属主同组用户(g) 增加执行权限；

其他用户(o) 增加执行权限。

例 2：

```
$ chmod ug+w,o-x text
```

即设定文件 text 的属性为：

文件属主(u)增加写权限；

与文件属主同组用户(g)增加写权限；

其他用户(o)取消执行权限。

2. 数字设定法

语法格式为：

```
chmod abc file
```

其中 a、b、c 各为一个数字，分别表示 User、Group 及 Other 的权限。

```
r=4,w=2,x=1
```

若要 rwx 属性，则 4+2+1=7；

若要 rw-属性，则 4+2=6；

若要 r-x 属性，则 4+1=5。

例 1：

```
chmod 777 file
```

为设定文件的权限为所有用户(u、g、o)都可以读 r/写 w/执行 x。

例 2：

```
chmod 644 mm.txt
ls -l
```

即设定文件 mm.txt 的属性为：

```
-rw-r--r-- 1 inin users 1155 Nov 5 11:22 mm.txt
```

文件属主(u)inin 拥有读、写权限。

与文件属主同组用户(g)拥有读权限。

其他人(o)拥有读权限。

例 3：

```
$ chmod 750 wch.txt
$ ls -l
-rwxr-x--- 1 inin users 44137 Nov 12 9:22 wch.txt
```

即设定 wch.txt 文件的属性为：

文件主本人(u)inin 有可读/可写/可执行权。

与文件主同组人(g)有可读/可执行权。

其他人(o)没有任何权限。

chmod 命令举例：

chmod a=rwx file 和 chmod 777 file 的效果相同。

chmod ug=rwx,o=x file 和 chmod 771 file 的效果相同。

第 4 章

LoadRunner 相关基本概念

LoadRunner，是一种预测系统行为和性能的负载测试工具。通过模拟上千万用户实施并发负载及实时性能监测的方式来确认和查找问题，LoadRunner 能够对整个企业架构进行测试。企业使用 LoadRunner 能最大限度地缩短测试时间，优化性能和加速应用系统的发布周期。LoadRunner 可适用于各种体系架构的自动负载测试，能预测系统行为并评估系统性能。

4.1　工具安装过程

安装 LoadRunner 的步骤如下。

(1)　下载 LoadRunner12 安装包并解压后，打开文件夹运行安装文件，如图 4-1 所示。

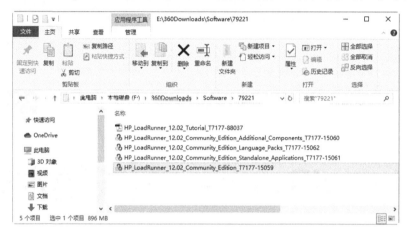

图 4-1　运行安装文件

(2)　打开如图 4-2 所示的安装界面，在其中设置安装路径。

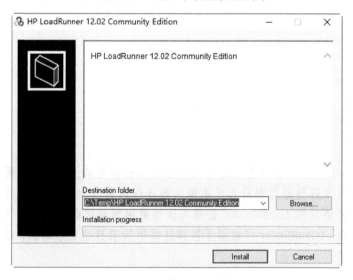

图 4-2　选择安装路径

(3) 单击 Install 按钮，开始进行安装，如图 4-3 所示。

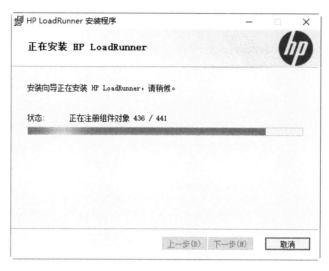

图 4-3 安装界面

(4) 安装结束后，弹出如图 4-4 所示的 HP 身份验证设置，这里不要选中"指定 LoadRunner 代理将要使用的证书"复选框。

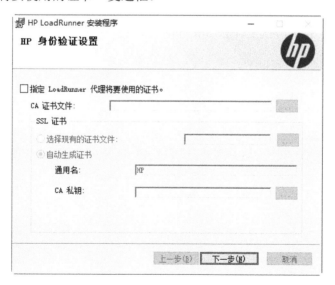

图 4-4 设置证书代理

(5) 单击"下一步"按钮，弹出如图 4-5 所示的安装向导完成界面。

图 4-5　安装向导完成

4.2　运行机制和主要组成部分

如图 4-6 所示，性能测试工具 LoadRunner 主要由以下四部分组成：

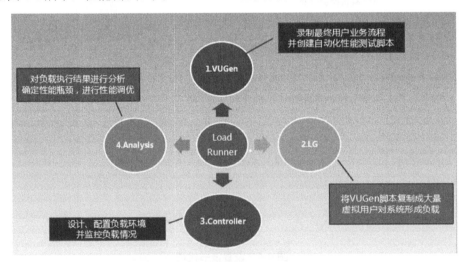

图 4-6　性能测试工具组成

- 脚本生成器(Virtual User Generator)
- 压力生成器(Load Generator)
- 压力调度和监控系统(Controller)
- 结果分析工具(Analysis)

4.2.1　脚本生成器

虚拟用户脚本生成器(Virtual User Generator，VUG)通过代理服务器方式实现，具体来说，就是通过一个代理服务器作为客户端和服务器之间的中间人，接收从客户端发送的数据包，记录并将其转发给服务器；接收从服务器返回的数据流，记录并返回给客户端。这样，无论是客户端还是服务器都以为自己在一个真实的运行环境中，而 VUG 能通过这种方式截获并记录客户端和服务器之间的数据流。脚本生成器界面如图 4-7 所示。

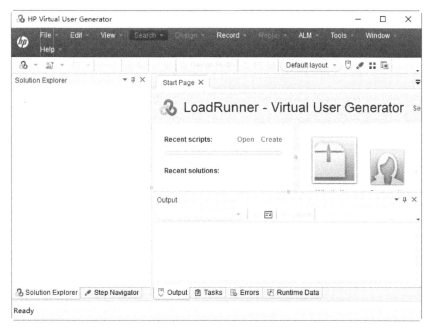

图 4-7　脚本生成器界面

截获数据流仅仅是 VUG 的第一个步骤，在截获数据流之后，VUG 还需要根据录制时选择的协议类型，对数据流进行分析，然后，用脚本函数将客户端和服务器之间的数据流交互过程体现为脚本的语句。

除了能够录制应用之间的通信数据流生成脚本外，VUG 一般还自带 IDE 环境，用户可以通过该 IDE 环境对脚本进行修改和调试。对脚本的修改和调试中，最常用的技巧比如：

- 不同用户使用不同数据(可以通过参数化实现)
- 多用户同时并发操作(可以通过集合点实现)
- 用户请求间的依赖关系(可以通过关联实现)
- 请求间的延迟(可以通过思考时间实现)

4.2.2 压力生成器

压力生成器(Load Generator)用于根据脚本内容，产生实际的负载。在性能测试工作中，压力生成器扮演着"产生负载"的角色。例如，如果一个测试场景要求产生 100 个虚拟用户(VU)，则压力生成器会在调度下生成 100 个进程或是线程，每个线程都对指定的脚本进行解释执行。

设想这样一种情况：我们的性能测试需求 1000 个 VU 共同进行。我们都指定，无论是采用进程还是线程作为压力产生的方式，它们总会需要一定的系统资源，一般来说，一台具有 512MB 内存的 PC 机可以顺利运行 200 个左右 VU，但对需要 1000 个 VU 的情况，显然很难指望通过一台 PC 机产生如此多的 VU。这时，唯一的解决方案就是通过多台机器进行协作，但多台机器之间如何产生步调一致的 VU 呢？答案就是我们的用户代理。

用户代理是运行在负载机上的进程，该进程与产生负载压力的进程或是线程协助，接收调度系统的命令，调度产生负载压力的进程或线程，从这个意义上来说，用户代理也可以被看作是压力生成器的组成部分。

用户代理一般以后台方式在负载机上运行。

4.2.3 压力调度和监控系统

压力调度和监控系统(Controller)是性能测试工具中直接与用户交互的主要内容。压力调度工具可以根据用户的场景要求，设置各种不同脚本的 VU 数量，设置同步点，而监控系统则可以对各种数据库、应用服务器、服务器的主要性能计数器进行监控。压力调度和监控系统界面如图 4-8 所示。

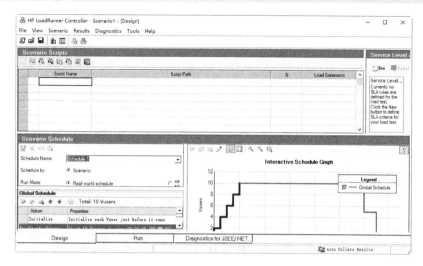

图 4-8　压力调度和监控系统界面

4.2.4　结果分析工具

压力结果分析工具(Analysis)可以用来辅助进行测试结果的分析。性能测试工具附带的分析工具一般都能将系统获取的性能计数器生成曲线图、折线图等图表，还能根据用户的需求建立不同曲线之间的关联操作，从而提供各方面揭示压力测试结果的能力。结果分析工具界面如图 4-9 所示。

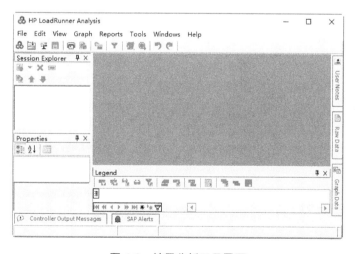

图 4-9　结果分析工具界面

需要注意的是，压力结果分析工具本身不能代替分析者进行性能结果的分析，最多只是提供多种不同的数据揭示和呈现方法而已。对这些数据进行分析更多还是依靠测试工程师对系统性能分析的经验和知识。

4.3 LoadRunner 相关概念解析

4.3.1 检查点

Vugen 判断脚本是否执行成功是根据服务器返回的状态来确定的，如果服务器返回状态为 200ok，那么 Vugen 就认为脚本正确执行了，并且正确通讨了。但绝大多数系统为了提升用户感受不会抛出错误页面，而是利用消息提示框或其他形式，比如网络繁忙等，这时单纯地根据服务器返回的状态码就不能准确地分析出脚本是否正确执行，是否得到我们期望的结果，这时我们就需要通过检查点来验证。

如果不是加密的形式，我们可以和注册函数一样，利用 web_reg_find 函数，只要服务器返回要找的内容就说明检查点通过了，但在我们的项目中服务器返回的内容都是加密的，我们就不能利用这个函数，需要先进行解密，再利用其他函数(比如 strstr)来实现检查点的功能。最常用的是文本检查点。

4.3.2 事务

1. Transaction 介绍

事务(Transaction)是指用户在客户端做一种或多种业务所需要的操作集。

通过事务函数可以标记完成该业务所需要操作的内容；另一方面，事务可以用来统计用户操作的响应时间，事务响应时间是通过记录用户请求的开始时间和服务器返回内容到客户时间的差值来计算用户操作响应时间的。

每个事务都包含事务开始和事务结束标记。插入事务操作可以在录制过程中进行，也可以在录制结束后进行。

2. Transaction 实例

1) 事务结果状态

在默认情况下使用 LR_AUTO 来作为事务状态，对于一个事务有以下 4 个状态可以选择。

(1) LR_AUTO：指事务的状态由系统自动根据默认规则来判断，结果为 PASS/FAIL/STOP。

(2) LR_PASS：指事务是以 PASS 状态通过的，说明该事务正确地完成了，并记录下对应的时间，这个时间就是指做这件事情所需要消耗的响应时间。

(3) LR_FAIL：指事务以 FAIL 状态结束，是一个失败的事务，没有完成事务中脚本应该达到的效果，得到的时间不是正确操作的时间，这个时间在后期的统计中将被独立统计。

(4) LR_STOP：将事务以 STOP 状态停止。

事务的 PASS 和 FAIL 状态会在场景的对应计数器中记录，包括通过的次数和事务的响应时间，方便后期分析该事务的吞吐量以及响应时间的变化情况。

2)　手工事务

我们通过一个示例看看 LR 如何自动判断事务结果状态的。

录制一个论坛注册用户的脚本，在提交注册表单处添加事务开始及结束标志，然后回放该脚本。事务的结果是 PASS 还是 FAIL 呢？虽然回放脚本注册用户是失败的(该用户已经存在)，但是事务还是在 PASS 状态下完成了，而且会发现事务的持续时间很短。正常情况下注册一个用户到刷新首页一般都需要 2 秒，现在只需要 0.3 秒。这是因为当服务器判断该用户已经存在后，就没有了数据插入和等待 1 秒刷新首页的操作，而是直接返回错误提示页面。这个 0.3 秒是系统处理错误的时间，而不是注册用户所需要的时间。

LR_AUTO 是根据服务器的返回状态信息来决定事务是以 LR_PASS 状态通过还是以 LR_FAIL 状态结束，只要服务器返回页面，那么事务就会认为请求成功发送出去了，服务器看懂了请求也返回了内容，自然事务是 PASS 状态了。

这样由于事务自动判断的错误，导致虽然操作是失败的，但得到了一个响应时间，并且这个响应时间又没有正确反映出做这件事情的真正时间，最终就会影响到性能测试得到的数据。在测试过程中，如果系统用户越来越多时，响应时间不增反而减少很可能就是这个原因。

为了解决上面的问题，我们就需要手工来判断事务是否成功，通过检查点等手段来进行智能判断事务结果。相关代码如下：

```
lr_start_transaction("deposit");
status = bank_deposit(50);
if (status == 0)
    lr_end_transaction("deposit", LR_PASS);
else
    lr_end_transaction("deposit", LR_FAIL);
```

4.3.3 集合点

集合点函数可以帮助我们生成有效可控的并发操作。虽然在 Controller 中多用户负载的 VU 是一起开始运行脚本的，但是由于计算机的串行处理机制，脚本的运行随着时间的推移，并不能完全达到同步。这个时候需要手工的方式让用户在同一时间点上进行操作来测试系统并发处理的能力，而集合点函数就可以实现这个功能。

设置集合点只需要在脚本中插入 lr_rendezvous("name")函数即可。脚本每次运行到这个函数时都会查看一下集合点的策略来决定是等待还是继续运行。集合点的设置内容存放在场景的设置中，当脚本中有集合点函数时，场景中的集合点设置功能就可以访问。

集合点策略用来设置虚拟用户集合的方式，提供了 3 种策略：

- 当百分之多少的用户到达集合点时脚本继续；
- 当百分之多少的运行用户到达集合点时脚本继续；
- 多少个用户到达集合点时脚本继续。

集合点应该放在事务外，如果事务内存在集合点，那么虚拟用户在集合点等待的过程也会被算入事务时间，导致早进入集合点的用户的响应时间有误。

4.3.4 思考时间

思考时间从业务角度看就是用户在操作时每个请求之前的间隔时间。

对于交互式的应用来说，用户在使用系统时不可能间断地发出请求，正常的模式应该是用户在发出一个请求后，等待一段时间，再发出下一个请求。添加思考时间的目的是更真实地模拟实际情况。

那么如何给定合适的思考时间呢？我们可以从测试的目的去分析，如果是为了验证系统是否具有预期的能力，就应该尽量模拟用户在使用业务时的真实思考时间。如果是为了了解系统在压力下的性能水平或是了解系统承受压力的能力就可以忽略思考时间。

第 5 章

LoadRunner–Vugen
模拟用户行为

Virtual User Generator(虚拟用户生成器,以下简写为 Vugen)是一种基于录制回放的工具,当你按照业务流程执行了某个软件,它会将你在操作中产生的协议录制下来,自动转化成脚本,执行完成对用户行为的模拟,从而进一步对系统产生负载。而性能测试的第一步也是最重要的一步就是生成虚拟用户脚本(Vuser Script)。在 Vugen 中录制得到用户的行为就好比虚拟了一个用户的行为,所以我们称该模拟的用户为 Vuser,而这个脚本称为 Vuser Script。

5.1 Vugen 介绍

Virtual User Generator(虚拟用户生成器，必要时可简写为 Vugen)，可通过录制用户在客户端应用程序中执行的典型业务流程来开发脚本，此脚本将模拟多用户并行工作，就像真的有成千上万的用户在访问系统一样，并追踪从服务器接收的数据。

录制用户行为过程中，Vugen 监控的是客户端与服务器之间的数据交互，将客户端与服务器的交互过程记录下来，如图 5-1 所示。

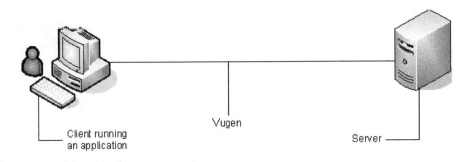

图 5-1   Vugen-1

回放时，Vuser Scripts 通过调用服务器 API 直接与服务器进行交流。因为不需要客户端界面，所以允许大量用户运行或使用更少的机器进行测试，如图 5-2 所示。

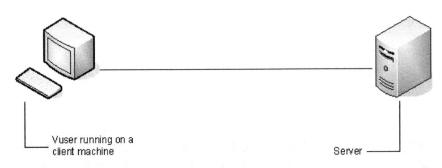

图 5-2   Vugen-2

Virtual User Generator 在此过程中，主要扮演一个 proxy server 的角色，在录制脚本时，记录下用户和服务器交互，然后自动生成脚本语言。在接下来的重放，或者大批量地加压时，模拟真实的用户向网站发送请求，并将服务器返回的结果，作为判断是否正确执行用户操作的依据。

　　值得注意的是，Virtual User Generator 关心的是客户端与服务器之间收发的数据包，而不会记录客户端界面的一些操作。

5.2　协议类型及选择

　　协议是客户端与服务器之间遵循某种数据包发送格式的约定，各自遵循约定才能通信成功。

　　首先打开 HP Virtual User Generator 界面，如图 5-3 所示。

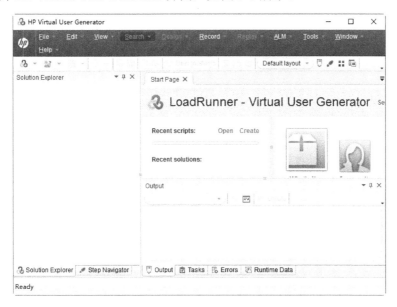

图 5-3　HP Virtual User Generator 界面

　　如图 5-4 所示，选择 File→New Script and Solution 命令，可以打开如图 5-5 所示的 Create a New Script 对话框，可以看到 LoadRunner 支持的协议很多。

　　使用时如何选择呢？首先要从 LoadRunner 的工作原理上深入理解协议的作用和意义。LoadRunner 启动后，在任务栏上会有一个 LoadRunner Agent Progress 的进程，这个进程的一项重要的工作就是监视各种协议的客户端和服务器的通信。只要是能够支持的协议，LoadRunner 在录制的过程中就可以通过脚本语言将通信过程录制下来。所以只有明确了被测软件的通信过程和所使用的协议，LoadRunner 才能正确地录制脚本。

图 5-4   选择 File→New Script and Solution 命令

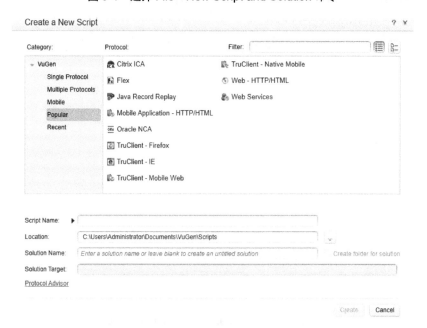

图 5-5   协议类型选择

对于常见的应用软件，我们可以根据被测应用是 B/S 结构还是 C/S 结构来选择协议：

(1)   对于 B/S(浏览器/服务器)结构，可以选择 Web(HTTP/HTTML)协议；

(2)   对于 C/S(客户端/服务器)结构，可以根据后端数据库的类型来选择，如 SybaseCTLib 协议用于测试后台数据库为 Sybase 的应用，MS SQL SERVER 协议用于测试后台数据库为 SQL Server 的应用；

(3)   对于没有数据库的 Windows 应用，可以选择 Windows sockets 这个底层的协议。

需要明确的是，B/S 结构的不一定都选择 WEB(HTTP/HTML) 协议，C/S 结构的不一定都选择 WinSocket 协议，有很多 C/S 结构的系统其实用的也是 HTTP 协议。

那么实际使用中如何判断客户端与服务器之间的协议类型呢？这里有两种方式供参考。

(1)　直接跟开发人员沟通。这是非常高效的一种方式，而且有时候如果开发人员能够提供报文格式是最好不过了，将省去很多的工作量。

(2)　自己动手，丰衣足食。你可以借助优秀的第三方协议分析工具来帮助你分析，如 Wireshark、Network Monitor 、SniffPass 等。这些工具除了帮助分析协议外，还提供其他更详细的信息，作为一个性能测试人员，多学习一些网络协议方面的知识也是非常必要的。

5.3　录制前准备工作

在使用 Vugen 工具进行录制前，需要做一系列准备工作，下面分别进行介绍。

5.3.1　B/S 端录制脚本

这里以 B/S 结构的程序为例，讲解录制过程。如图 5-6 所示，选择 Web-HTTP/HTTML 协议，下面的脚本名称等都设为默认。

图 5-6　选择 Web-HTTP/HTTML 协议

下面介绍脚本创建的四个阶段：

● 录制；

● 验证；

● 脚本增强；

● 准备压力测试。

单击 Next 按钮，弹出如图 5-7 所示的 Start Recording(开始录制)对话框。

图 5-7　脚本录制对话框

Program to record 下拉列表框用来选择本地安装的浏览器。LoadRunner 12 支持的浏览器类型主要有以下几种：

● Microsoft Internet Explorer 6.0 SP1 or SP2；

● Microsoft Internet Explorer 7.0；

● Microsoft Internet Explorer 8.0；

● Firefox 4 版本及以下。

本书的讲解中我们选择 Firefox24.8.1。

URL Address 下拉列表框用来填写要访问的服务器地址，Working directory 下拉列表框用来选择是工作目录。Record into Action 下拉列表框用来选择录制的三个部分(对应三个文件)，如图 5-8 所示。

图 5-8　录制文件选择

一般情况下：

● vuser_init 录制用来做初始化的事情，比如要测试某个具体业务操作环节时，可以先把系统用户登录写在 vuser_init 的脚本中；

● action 录制的是操作的事件，即需要测试的业务操作点；

● vuser_end 录制的是退出阶段。

LoadRunner 运行脚本的顺序是 vuser_init→Action(*N 次)→vuser_end；其中 Action 可以运行 N 次(或一段时间)，这在 LoadRunner 中有设置(后面会讲到)；而 vuser_init 和 vuser_end 都只能运行一次。

Options 在开始使用时可以先不深究，这里我们只简单介绍需要了解的几个设置。

打开 Recording Options 对话框，如图 5-9 所示，Recording 页面有两个选项。

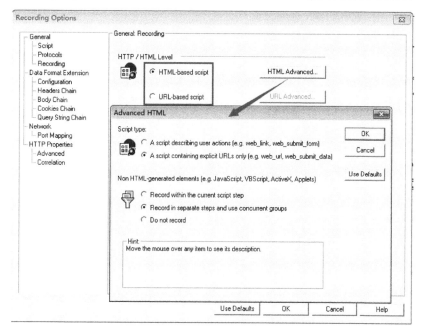

图 5-9　录制相关设置

(1) HTML-based script：使用这种方式录制的代码，一个操作(可能包含多个请求)只生成一个函数，所有请求全部放在这个函数里面，看起来比较简洁。

(2) URL-based script：使用这种方式会生成很多函数，它将每个请求都单独生成一个函数，更接近请求-响应的本质。

录制时的选择遵循以下原则：

① 基于浏览器的应用程序推荐使用 HTML-based script。

② 不是基于浏览器的应用程序推荐使用 URL-based script。

如果基于浏览器的应用程序中包含了 JavaScript 并且该脚本向服务器产生了请求，比如

DataGrid 的分页按钮等、Flash 等，也要使用 URL-based script 方式录制。

③ 基于浏览器的应用程序中使用了 HTTPS 安全协议，使用 URL-based script 方式录制。

初学者推荐使用 HTML-based script 方式，更容易阅读代码。

接下来我们开始录制一个常见的登录远程服务器并提交表单的操作：

(1) 登录；

(2) 依次浏览两个页面；

(3) 在第二个页面进行录入提交操作；

(4) 退出登录；

(5) 关闭网页。

开始录制后，会自动打开 Firefox 浏览器，依次进行以上五个步骤的操作，过程中我们发给服务器的所有请求都会记录在脚本中，完成后生成脚本如下。

1. vuser_Init

录制客户端登录服务器的操作，脚本如图 5-10 所示。

```
vuser_init()
{
    web_add_cookie("Hm_lvt_0fce9465689d3ab7ee3c77f3b2459172=1523171151,1523171192,1523174295,1523174385; DOMAIN=1 .2

    web_url("person",
        "URL=http:// .2. .2 : /person/",
        "TargetFrame=",
        "Resource=0",
        "RecContentType=text/html",
        "Referer=",
        "Snapshot=t140.inf",
        "Mode=HTML",
        LAST);

    lr_think_time(12);

    web_submit_data("login",
        "Action=http:// . ( 8080/person/personal/login",
        "Method=POST",
        "TargetFrame=",
        "RecContentType=anplication/json",
        "Referer=http:// 2. . :8080/person/",
        "Snapshot=t141.inf",
        "Mode=HTML",
        ITEMDATA,
        "Name=username", "Value= ol' 2", ENDITEM,
        "Name=password", "Value= . ", ENDITEM,
        "Name=randCheckCode", "Value=13", ENDITEM,
        LAST);
    return 0;
}
```

图 5-10　vuser_init 的脚本

可以看到客户端访问的服务器地址以及登录用户名、密码。

2. Action

录制用户切换至第二个页面，向服务器提交一组数据的操作，代码如图 5-11 所示。

```
web_url("newestReport",
    "URL=http://1     2  :8080/person/health/newestReport",
    "TargetFrame=",
    "Resource=0",
    "RecContentType=text/html",
    "Referer=http:// 2   :8080/person/personal/main",
    "Snapshot=t149.inf",
    "Mode=HTML",
    LAST);

web_submit_data("guideBaseHealthDataSave",
    "Action=http:// 2  6  4:8080/person/personal/main/guideBaseHealthDataSave",
    "Method=POST",
    "TargetFrame=",
    "RecContentType=application/json",
    "Referer=http:// 2    :8080/person/personal/main/guideBaseHealthData?notCompletedHeight=0",
    "Snapshot=t168.inf",
    "Mode=HTML",
    ITEMDATA,
    "Name=healthInfoRecordId", "Value=", ENDITEM,
    "Name=userId", "Value=", ENDITEM,
    "Name=type", "Value=1", ENDITEM,
    "Name=examinationTime", "Value=2018-04-08 16:22:12", ENDITEM,
    "Name=highPress", "Value=124", ENDITEM,
    "Name=lowPress", "Value=92", ENDITEM,
    "Name=heartRate", "Value=72", ENDITEM,
    "Name=bloodOxygen", "Value=98", ENDITEM,
    "Name=temperature1", "Value=37.2", ENDITEM,
    "Name=weight", "Value=52", ENDITEM,
    LAST);
```

图 5-11 Action 的脚本

客户端向服务器提交了如图 5-11 所示的一组数据。另外如果有很多个操作，可以分布在多个 Action 中。

3. vuser_end

进入个人中心，退出登录，代码如图 5-12 所示。

```
web_url("info",
    "URL=http://1    :8080/person/user/info",
    "TargetFrame=",
    "Resource=0",
    "RecContentType=text/html",
    "Referer=http://1    6  3  3080/person/health/newestReport",
    "Snapshot=t171.inf",
    "Mode=HTML",
    LAST);

web_url("logout",
    "URL=http:// 2    :8080/person/personal/logout",
    "TargetFrame=",
    "Resource=0",
    "RecContentType=text/html",
    "Referer=http:// 2   2  8080/person/user/info",
    "Snapshot=t176.inf",
    "Mode=HTML",
    LAST);
```

图 5-12 vuser_end 的脚本

上述几个脚本中主要用到了以下几个函数：

(1) web_url 函数用来加载指定的网页(GET 请求)，其中 URL 是访问的服务器地址，Referer 是 URL 引用的页面(即被访问页面的来源 URL)；

(2) web_submit_data 函数用来生成表单的 GET 或 POST 请求，这些请求与 Form 自动生成的请求是一样的，ITEMDATA 是数据域和属性的分隔符，之后是提交表单的 name 和 value 字段。

(3) lr_think_time 函数用来设置 LoadRunner 的思考时间，为保持场景模拟的真实性，建议保留。

录制完成后，可以回放检查一下是否成功。

5.3.2　移动端录制脚本

因为是录制移动端脚本，所以必备的设备要有 Android 或 iPhone 手机和具有无线上网卡的笔记本电脑或台式机(台式机可使用随身 Wi-Fi 作为无线上网卡)。

下面对笔记本电脑进行一些设置(手机端的设置参见 5.3.4 节)。

由于录制的时候需要笔记本电脑和手机处于同一网络环境下，而且由于大部分办公环境并没有公共网络可以连接，因此比较简单的方法就是开启笔记本电脑的热点，然后让手机连接。笔记本电脑开启热点可以通过工具，也可以通过 cmd 命令。

(1) 以管理员身份运行 cmd，然后输入命令：netsh wlan set hostednetwork mode=allow ssid=WIFINAME key=0123456789，按 Enter 键，系统会自动虚拟出一个 Wi-Fi 热点，如图 5-13 所示。

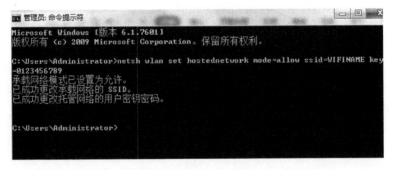

图 5-13　虚拟 Wi-Fi 热点

(2) 开启热点，输入命令：netsh wlan start hostednetwork，按 Enter 键，如图 5-14 所示。

```
C:\Users\Administrator>netsh wlan start hostednetwork
已启动承载网络。
```

图 5-14　开启热点

(3)　打开控制面板-网络和 Internet-网络连接，会看到系统新建了一个 Wi-Fi 热点，Wi-Fi 名字就是刚才 cmd 中设置的 WIFINAME，如图 5-15 所示。

图 5-15　验证热点

(4)　此时可以通过手机搜索到此热点并连接。获取本地连接 IP 的方法为：网络连接中有无线网络 IP，请忽略，需要使用本地 IP，如图 5-16 所示。

图 5-16　获取连接

5.3.3　LoadRunner 的设置

使用 Vugen 工具之前，需要先设置 LoadRunner，步骤如下。

(1)　打开如图 5-17 所示的 Create a New Script 对话框，选择 Web-HTTP/HTML 协议。

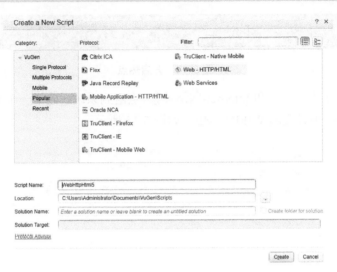

图 5-17　选择 Web-HTTP/HTML 协议

(2)　单击 Create 按钮，即可打开如图 5-18 所示的新建脚本窗口。

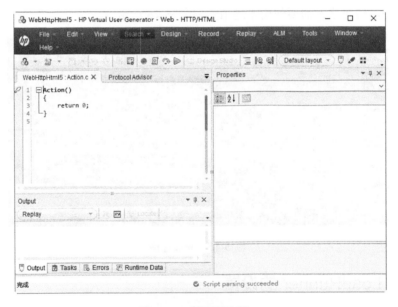

图 5-18　新建脚本窗口

(3)　如图 5-19 所示，选择 Record→Recording Options 命令，打开如图 5-20 所示的对话框。

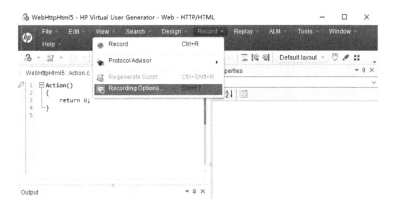

图 5-19　选择录制选项

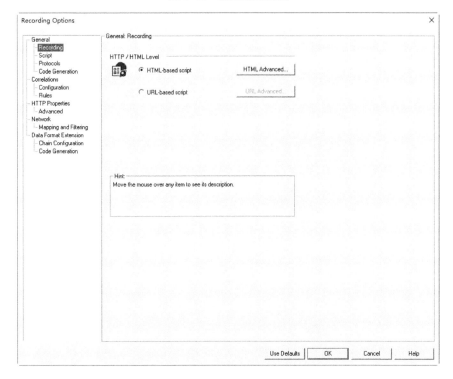

图 5-20　录制选项的设置界面

（4）设置录制选项，在 Capture level 下拉列表框中选择 Socket level data 选项，如图 5-21
所示。

（5）单击图 5-21 中的 New Entry 按钮，打开如图 5-22 所示的 Server Entry-Port Mapping

对话框，可以配置 New Entry 选项。

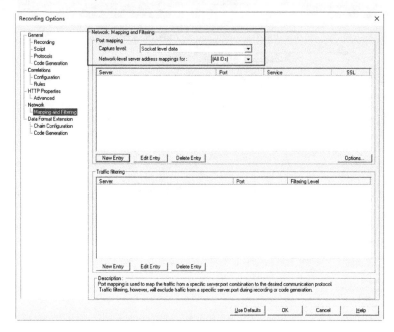

图 5-21　设置 Capture Level 为 Socket level data

图 5-22　设置 New Entry 选项

说明：Target Server 为需要录制的地址，Port 设置为 80。

（6）配置完成后保存即可。

5.3.4 手机端的设置

手机端设置的步骤如下。

（1）连接上公共 Wi-Fi，如 OFFICE-Adviser。

（2）设置 Wi-Fi 代理。其中 IP 为笔记本电脑的 IP，代理端口为 LoadRunner 设置的代理转发端口号，如图 5-23 所示。

图 5-23 设置代理

5.4 录制脚本

单击如图 5-7 所示的 Start Recording 对话框的 OK 按钮，即可开始录制。如图 5-24 所示是用公司内部 APP 环境地址成功录制的截图。

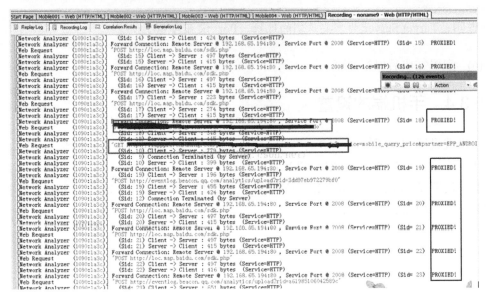

图 5-24 录制成功界面

失败的情况原因有很多，其中一个常见的原因是代理没有设置，如图 5-25 所示。

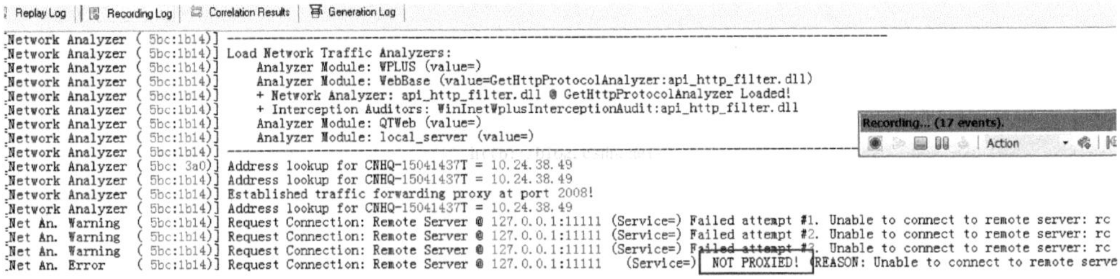

图 5-25 录制失败

5.4.1 修改/完善脚本

录制生成的脚本通常需要优化后，才能在后续场景实现目的。脚本中常用的优化类型有以下五种。

1. 插入事务点

```
lr_start_transaction("login");    ——开始
 lr_end_transaction("login", LR_AUTO);   ——结束
```

2. 添加集合点

```
lr_rendezvous("login");
```

3. 设置参数化

```
"Name=username", "Value={userName}", ENDITEM,      ----粗体部分为参数化的内容
lr_log_message("UserName:%s",lr_eval_string("{userName}"));      ----参数化日
志打印(查看参数化是否正确)
```

4. 设置文本检查点

```
web_reg_find("Search=Body",  "Text=1029742081",  LAST);
```

5. 设置字符有效长度(默认是 256)

```
web_set_max_html_param_len("102400");
```

5.4.2　变量参数化

在录制程序运行的过程中，Vugen(脚本生成器)自动生成了脚本以及录制过程中实际用到的数据，即脚本和数据是混在一起的，这不符合数据驱动的测试思想。

另外，进行网页性能测试时，经常需要对网页的输入操作进行压力测试，为模拟真正的使用场景，我们需要多用户并发操作，这时就需要脚本中的输入数据是变化的，而不是固定值。

基于上述两个原因的考虑，我们需要对脚本中的录入数据(比如登录名和密码)进行参数化，LoadRunner 对变量的参数化分为以下几个步骤完成：

(1)　选择要进行参数化的字段，以变量名代替；

(2)　编辑选定的变量，列举取值范围；

(3)　设置参数遍历方式。

变量参数化可以直接在界面上添加编辑，具体步骤如下。

(1)　单击 P 图标或者按 Ctrl +L 键进入参数化设置界面，左侧列表中，会出现已经选定进行参数化的变量名称，如图 5-26 中的 name 和 psw。

(2)　单击要进行编辑的变量参数，例如 name，单击 Edit with Notepad 按钮，弹出记事本窗口，输入好用户名，保存，参数就设置完成了，如图 5-27 所示。

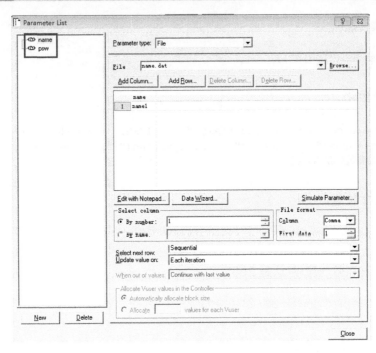

图 5-26　Parameter List 对话框

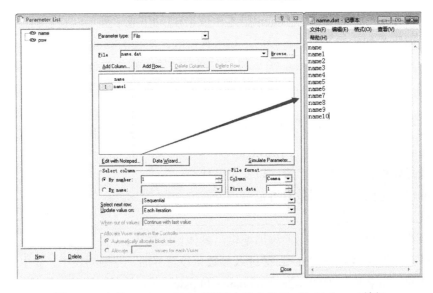

图 5-27　在 Parameter List 对话框中单击 Edit with Notepad 按钮

(3) 保存后，界面显示如图 5-28 所示。

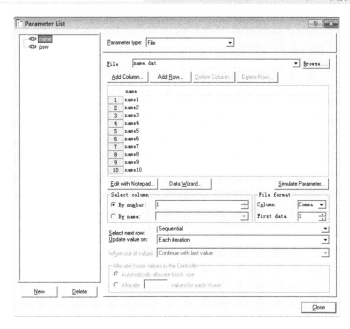

图 5-28　参数化设置界面(用记事本编辑后)

(4) 或者在界面上直接编辑，添加行、列或者删除行、列，如图 5-29 所示。

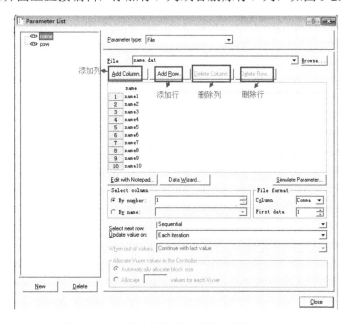

图 5-29　参数化设置界面(添加或删除行/列)

(5) 参数都编辑之后，注意每个参数对应的名称，以便后续使用。注释如图 5-30 所示。

图 5-30　参数化设置界面(如何选择行、列)

(6) 也可以把所有的参数编辑在一个文件里面，一列对应一个参数。当参数放在一个文件里面时，设置处就要一一对应，如图 5-31、图 5-32 和图 5-33 所示。

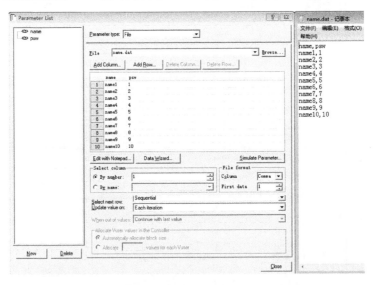

图 5-31　参数化设置界面(多个参数在一个文件中)

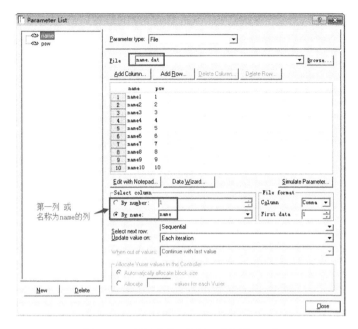

图 5-32　参数化设置界面(选择第 1 列)

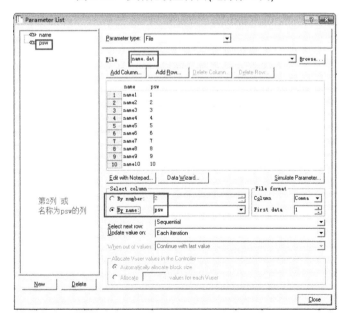

图 5-33　参数化设置界面(选择第 2 列)

5.4.3 导入文件

LoadRunner 支持用多种文件格式导入数据，如.dat、xlxs、Access 等。在此以.dat 格式举例说明，步骤如下。

(1) 在记事本中编辑变量的取值范围。在文件处选择已经编辑好的数据文件位置，单击打开后，文件的数据就自动导入进来了，如图 5-34 和图 5-35 所示。

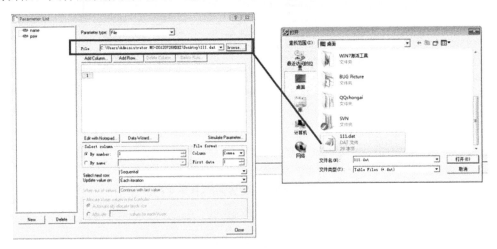

图 5-34　在参数化设置界面中导入数据(1)

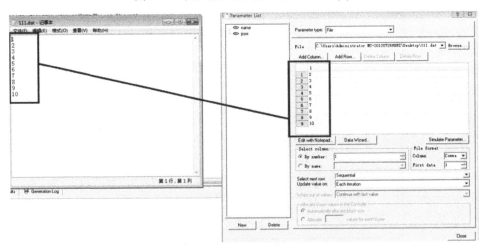

图 5-35　在参数化设置界面中导入数据(2)

(2) 编辑参数的取值范围后，下一步需要设置数据取值方式与更新方法，如图 5-36 所示。

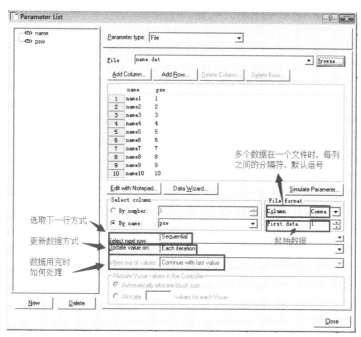

图 5-36 参数化设置界面(数据处理与格式)

这里涉及三个重要参数的设置。

① Select next row：选取下一行方式，如图 5-37 所示。

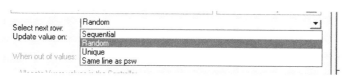

图 5-37 设置选取下一行的方式

- Sequential：默认值，按照参数化的数据顺序，从上往下一个一个地取值。
- Random：随机取，参数化中的数据，每次随机从中抽取数据。
- Unique：唯一地向下取值，只能被用一次。
- Same line as psw，和 psw 列取同一行的值，(行相同)步调一致。

例如，参数取值范围是：

a b c d e f g ...

现有 3 个用户(vu1，vu2，vu3)取值，迭代 2 次。

● 顺序方式：vu1(a, b) vu2(a, b) vu3(a, b)

● 唯一方式：vu1(a, b) vu2(c, d) vu3(e, f)

如果是注册，采用唯一方式。另外，对于单用户来说，顺序和唯一取值序列是相同的。

② Update value on：更新数据方式，如图 5-38 所示。

图 5-38　设置数据更新方式

● Each iteration：默认，每次迭代时更新取值(常用)。

● Each occurrence：每次遇到该参数时取值。

● Once：取值仅一次，一次选择，终身不变。

这里的迭代次数，指的是 Action 运行的次数。vuser_init 和 vuser_end 只运行一次，如图 5-39 所示。

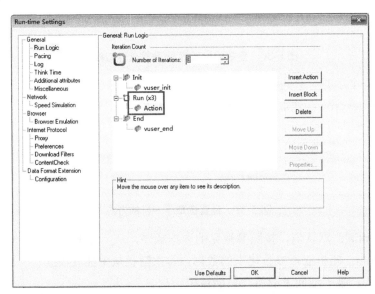

图 5-39　在 Run-time Settings 对话框中设置迭代次数

③ When out of values：数据不足时的处理方式。

在①中选择 Unique 时才需要考虑这个选项，表示取值越界后的处理方式，如图 5-40

所示。

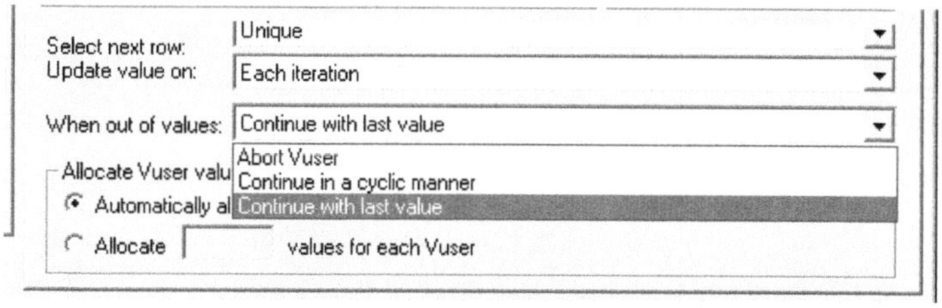

图 5-40　When out of values 的设置

- Abort Vuser：放弃虚拟用户，不再取值。
- Continue in a cyclic manner：以循环的方式继续，当参数化文件中的值取完最后一个值后，又从参数化文件的第一行开始取值。
- Continue with last value：当参数化文件中的值取完最后一个值后，一直持续到最后一个值。

为帮助理解上述取值遍历方式，举例说明。

前提条件如下。

虚拟用户：vu1、vu2、vu3；

数据：a、b、c；

脚本中参数出现 3 次，迭代 3 次。

为说明遍历方式，Select next row 取 Unique 时，给数据表中加入数据 d、e、f、g、h、i。Select next row 和 Update Value on 两个参数组合的九种情况，结果取值如表 5-1 所示。

表 5-1　参数组合

序号	Select next row	Update Value on	结　果
1	Sequential	Each Iteration	第一次迭代，无论参数任何时候出现，vu1、vu2、vu3 取 a； 第二次迭代，无论参数任何时候出现，vu1、vu2、vu3 取 b； 第三次迭代，无论参数任何时候出现，vu1、vu2、vu3 取 c
2	Sequential	Each Occurrence	第 N 次迭代，参数第一次出现，vu1、vu2、vu3 取 a； 第 N 次迭代，参数第二次出现，vu1、vu2、vu3 取 b； 第 N 次迭代，参数第三次出现，vu1、vu2、vu3 取 c
3	Sequential	Once	第 N 次迭代，无论参数任何时候出现，vu1 取 a，vu2 取 b，vu3 取 c

序号	Select next row	Update Value on	结　果
4	Random	Each Iteration	第 N 次迭代，无论遇到该参数多少次，vu1 都只取 a，或者 b，又或者 c，本次迭代不再更新； 第 N 次迭代，无论遇到该参数多少次，vu2 都只取 a，或者 b，又或者 c，本次迭代不再更新； 第 N 次迭代，无论遇到该参数多少次，vu3 都只取 a，或者 b，又或者 c，本次迭代不再更新； 在 N+1 次迭代，每个 vu 重新随机抽取数据
5	Random	Each Occurrence	第 N 次迭代，第一次遇到该参数，vu1、vu2、vu3 在 a、b、c 中随机抽取一个； 第 N 次迭代，第二次遇到该参数，vu1、vu2、vu3 重新在 a、b、c 中随机抽取一个； 第 N 次迭代，第三次遇到该参数，vu1、vu2、vu3 重新在 a、b、c 中随机抽取一个； 在 N+1 次迭代，每个 vu 继续保持每遇到一次参数，就重新抽取一次数据
6	Random	Once	第 N 次迭代，无论遇到该参数多少次，vu1 都只取 a，或者 b，又或者 c； 第 N 次迭代，无论遇到该参数多少次，vu2 都只取 a，或者 b，又或者 c； 第 N 次迭代，无论遇到该参数多少次，vu3 都只取 a，或者 b，又或者 c； 在 N+1 次迭代，每个 vu 不会重新抽取数据
7	Unique	Each Iteration	第一次迭代，无论参数出现多少次，vu1 取 a，vu2 取 d，vu3 取 g； 第二次迭代，无论参数出现多少次，vu1 取 b，vu2 取 e，vu3 取 h； 第三次迭代，无论参数出现多少次，vu1 取 c，vu2 取 f，vu3 取 i
8	Unique	Each Occurrence	第一次迭代，第一次出现该参数，vu1 取 a，vu2 取 d，vu3 取 g； 第一次迭代，第二次出现该参数，vu1 取 b，vu2 取 e，vu3 取 h； 第一次迭代，第三次出现该参数，vu1 取 c，vu2 取 f，vu3 取 i

续表

序号	Select next row	Update Value on	结　果
9	Unique	Once	无论进行多少次迭代，无论参数任何时候出现，vu1 取 a，vu2 取 b，vu3 取 c； 数据 d、e、f、g、h、i 不取

注：

(1)Select next row 取 unique 时，必须注意数据表有足够多的数，在此我们给数据表中加入数据 d、e、f、g、h、i；

(2)实际使用中可能用不到很复杂的组合情况。

5.4.4　Parameterization 实例

对于 5.3 节中录制的登录脚本，选择登录用户名和密码对其参数化。选择需要参数化的字段，右击，在弹出的快捷菜单中选择 Replace with a Parameter 命令，如图 5-41 所示，弹出 Select or Create Parameter 对话框，在 Parameter name 处输入变量名 name，单击 OK 按钮，对密码的参数化重复以上的操作。

图 5-41　选择 Replace with a Parameter 命令

把用户名改成变量 name，密码改成变量 psw，如图 5-42 所示。

```
web_submit_data("login",
    "Action=http:// 2.  6. .: 30/person/personal/login",
    "Method=POST",
    "TargetFrame=",
    "RecContentType=application/json",
    "Referer=http:// . .  34: 30/person/",
    "Snapshot=t141.inf",
    "Mode=HTML",
ITEMDATA,
    "Name=username", "Value={name}", ENDITEM,
    "Name=password", "Value={psw}", ENDITEM,
    "Name=randCheckCode", "Value=13", ENDITEM,
LAST);
```

图 5-42　将用户名和密码替换成变量

下面设置这两个参数的取值：

```
name: name1-6;
psw: psw1-6;
```

Select next row 参数选择 Sequential，Update value on 参数选择 Each iteration。并设置 3 次迭代，3 用户。

我们的登录脚本在 vuser_init.c 中，与迭代次数无关，3 用户执行脚本时，取值如表 5-2 所示(以 3 用户为例)。

表 5-2　执行登录脚本

用户	name	psw
vu1	Name1	Psw1
vu2	Name2	Psw2
vu3	Name3	Psw3

其他数据未取到。

5.4.5　关联

我们通过一个场景来理解关联的含义和作用。

比如，我们去坐飞机，登机前需要在检票点出示机票，检票登机。那么检票人员会检查哪些东西呢？机票是否真实，航班是否正确等信息，验证通过即可登机。

过了几天我们又去坐飞机，还是拿同样一张票去登机，检票人员再一次核对信息，发现机票已经过期了，自然就不能成功登机了。

在脚本中也存在大量类似的情况，录制的时候，服务器会给一个唯一的认证码来进行操作，当再次回放脚本的时候服务器会给一个全新的认证码，而脚本录制是死的，还是拿老的认证码提交，从而导致脚本执行失败。

例如，常见系统中的登录功能，在登录后服务器会返回 SessionID，登录后的操作都需要提交该 SessionID 确认身份。使用 Vugen 录制时，将会记录服务器返回的 SessionID 并且原封不动地在下一个请求中发给服务器，如图 5-43 所示。

图 5-43　登录成功过程

待到回放的时候，服务器会在接收到用户名和密码后返回新的 SessionID，而脚本仍然发送旧的 SessionID 给服务器，最终因 SessionID 错误，导致脚本回放失败，如图 5-44 所示。

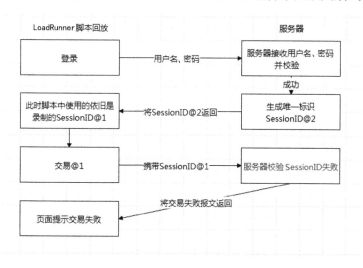

图 5-44　登录失败过程

录制和回放过程如下：

为了确保脚本回放成功，我们需要获得服务器每次返回的动态 SessionID，再将这个动态数据发回给服务器。而关联能够帮助我们将服务器返回的数据进行处理并保存为参数。

通常情况下我们使用关联的步骤流程如下：

在脚本回放过程中，客户端发出请求，通过关联函数所定义的左右边界值(也就是关联规则)，在服务器所响应的内容中查找，得到相应的值，以变量的形式替换录制时的静态值，从而向服务器发出正确的请求。

简单地说，关联就是对服务器的返回做处理的过程。它分为三种方式实现：

- 自动关联；
- 手动关联；
- 一边录制一边关联。

下面重点介绍自动关联和手动关联。

1. 自动关联

自动关联是 Vugen 提供的自动扫描关联处理策略，它的原理是对同一个脚本运行和录制时的服务器返回进行比较，来自动查找变化的部分，并且提示是否生成关联。自动关联的步骤如下：

(1) 开启自动关联选项。

(2) 录制脚本。

(3) 回放脚本。

(4) 系统自动弹出检测关联对话框，或手动启动关联检测对话框。

(5) 查看系统检测出的关联点进行关联设置。

(6) 回放脚本检查关联的正确性。

具体示例步骤如下。

(1) 启动 Vugen，通过以下两种方式打开 Recording Options 对话框：一是选择 Tools→Recording Options 命令，如图 5-45 所示；二是在 Start Recording 对话框中单击 Options 按钮，如图 5-46 所示。

(2) 启动 Recording Options 后，在打开的 Recording Options 对话框中，选中 Enable correlation during recording 复选框，以启动自动关联，如图 5-47 所示。

(3) 录制登录退出脚本，如图 5-48 所示。

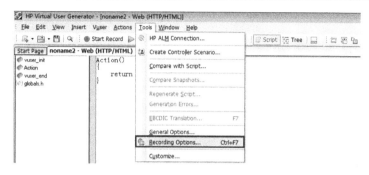

图 5-45　选择 Recording Options 命令

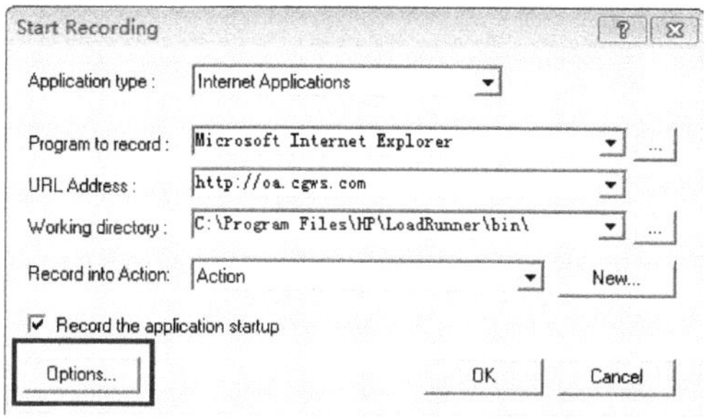

图 5-46　单击 Options 按钮

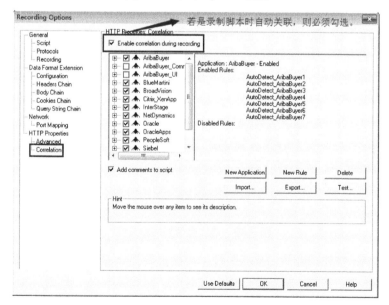

图 5-47　启动自动关联

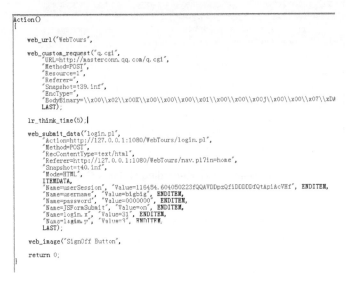

```
Action()
{
    web_url("WebTours",

    web_custom_request("q.cgi",
        "URL=http://masterconn.qq.com/q.cgi",
        "Method=POST",
        "Resource=1",
        "Referer=",
        "Snapshot=t39.inf",
        "EncType=",
        "BodyBinary=\\x00\\x02\\x00X\\x00\\x00\\x00\\x01\\x00\\x00\\x00j\\x00\\x00\\x07\\xDA
        LAST);

    lr_think_time(5);

    web_submit_data("login.pl",
        "Action=http://127.0.0.1:1080/WebTours/login.pl",
        "Method=POST",
        "RecContentType=text/html",
        "Referer=http://127.0.0.1:1080/WebTours/nav.pl?in=home",
        "Snapshot=t40.inf",
        "Mode=HTML",
        ITEMDATA,
        "Name=userSession", "Value=116454.604050223fQQAVDDpzQfiDDDDDfQtApiAcVHf", ENDITEM,
        "Name=username", "Value=bigbig", ENDITEM,
        "Name=password", "Value=0000000", ENDITEM,
        "Name=JSFormSubmit", "Value=on", ENDITEM,
        "Name=login.x", "Value=31", ENDITEM,
        "Name=login.y", "Value=3", ENDITEM,
        LAST);

    web_image("SignOff Button",

    return 0;
}
```

图 5-48 录制登录退出脚本

(4) 此时，回放脚本出错，如下所示。

```
Action.c(41): Error -27987: Requested image not found
[MsgId: MERR-27987]
Action.c(41): web_image("SignOff Button") highest severity level was "ERROR",
0 body bytes, 0 header bytes
[MsgId: MMSG-26388]
```

(5) 在菜单栏中选择 Vuser → Scan Script for Correlations 命令(或使用快捷键 Ctrl+F8)，弹出如图 5-49 所示的对话框。

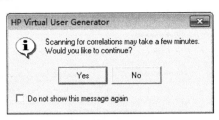

图 5-49 选择是否扫描相关性

(6) 单击 Yes 按钮，开始扫描相关性，可能需要几分钟时间。选中出现的需要关联的提示，单击 Correlate 按钮，提示前分别出现对号。回放脚本，无报错，自动关联成功，如图 5-50 所示。

图 5-50　自动关联成功

2. 手动关联

自动关联是 LoadRunner 通过对比录制和回放时服务器响应的不同，而提示用户是否进行关联，用户可自己创建关联规则，这个功能可以方便地使我们获得需要关联的部分，但同时也存在一定的问题，如：自动关联所检测到的关联点不一定真的需要进行关联，这需要我们根据实际情况进行判断；有些需要关联的动态数据自动关联无法找到，这时就需要做手动关联。

手动关联的主要步骤如下。

(1)　录制测试脚本，录制两遍。

(2)　使用 WinDiff 工具找出两次脚本的不同，判断是否需要进行关联。

(3)　确定插入关联的位置。

(4)　在 VIEW TREE 中使用 web_reg_save_param 函数手动建立关联。

(5)　将脚本中有用到关联的数据，用参数代替。

(6)　验证关联的正确性。

下面结合实例详细介绍。

(1)　录制测试脚本，录制两遍。相同的操作，录制两份，分别保存。

(2)　使用 WinDiff 工具协助找出需要关联的数据。在第二份脚本中，选择 Vugen 的 Tools→Compare with Vuser，并选择第一份脚本。

(3)　WinDiff 会开启，同时显示两份脚本，并显示有差异的地方。WinDiff 会以一整行黄色标示有差异的脚本，如图 5-51 所示。

查看两份脚本中有差异的部分，每一个差异都可能是需要做关联的地方。找到不同的部分后，复制，然后打开 Recording Log 或是 Generation Log，(一般情况录制脚本时选择 Single Protocol(单协议)，在 Recording Log 里找；录制脚本时选择 Multiple Protocol(多协议)，在 Generation Log 里找)按 Ctrl+F 键，在查找的界面中粘贴差异部分的内容，单击"查找"按钮找到后，查看该部分的信息，确认是客户端的请求信息还是服务器回应的信息。

如果出现在$$$$$$ Request Header For Transaction With Id 3 Ended $$$$$$这个部分，那证明是客户端发出的请求，这里是不需要做关联的。

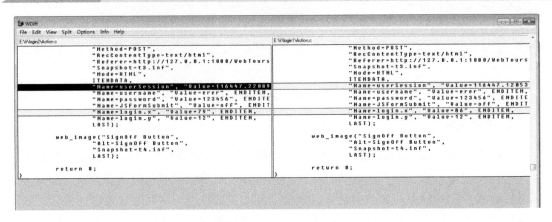

图 5-51　显示有差异的脚本

一般做的关联都是出现在****** Response Header For Transaction With Id 7 ******和 ****** Response Body For Transaction With Id 7 ******中的部分，如图 5-52 所示。 在找到这个信息后，需要记录如下信息：

① 记录这个不同数据之前的内容和之后的内容。

② 记录这个不同数据出现的位置，是 Header 还是 Body。(如果出现在如"****** Response Header For Transaction With Id 61 ******"这个部分，则 "Search" 参数的范围可设置为 "Headers"；如果出现在如 "****** Response Body For Transaction With Id 61 ******" 这个部分，则 "Search" 参数的范围可设置为 "Body")

图 5-52　Response Header 脚本

(4) 确认插入关联的位置。在日志中找到了两次脚本的不同点的位置，根据这个位置，再确定是在哪个请求之后产生的，也就是说要定位发生不同点的 Response(响应)是由哪个 Request(请求)产生的，找到了这个请求的函数位置，就知道要往哪里做关联了。

一般情况下关联函数写到发出请求的函数之前，服务器已经回应的要进行关联的数据脚本之后，在发出请求之前进行关联操作(调用 web_reg_save_param 函数中存放得到的动态内容的参数名称)(在发出请求之前就要将有变化的地方进行参数化，所以要放在发出请求之前)。

(5) 插入关联函数。在插入关联函数前，先介绍关联函数 web_reg_save_param。先举一个 web_reg_save_param 函数的例子。

```
web_reg_save_param ("userSession ",
        "LB=input type=hidden name=userSession value= ",
        "RB=> ",
        "Search=Body",
        LAST);
```

参数说明如下。

- ParamName：存放得到的动态内容的参数名称。
- list of Attributes：其他属性。包括：Notfound、LB、RB、RelFrameID、Search、ORD、SaveOffset、Convert、SaveLen。属性值不分大小写。
- LB(Left Boundary)：返回信息的左边界字串。该属性必须有，并且区分大小写。
- RB(Right Boundary)：返回信息的右边界字串。该属性必须有，并且区分大小写。
- Search：返回信息的查找范围。可以是 Headers、Body、Noresource、All(默认)。该属性值可有可无。

插入关联函数的方法如下。

① 将 Vugun 切换到 View tree 模式下，在左边的列表中，找到在上一步发出请求的函数并右击，在弹出的快捷菜单中选择 Insert before 命令。

② 在弹出的 Add step 对话框的 Find function 中输入 web_reg_save_param，单击 OK 按钮，在 Parameter name 中输入关联函数的名称，这里最好有含义：userSession。

③ 在 Left boundary 中输入刚才记录下的不同点字符串的左面的几个字符，定义左边界：input type=hidden name=userSession value=。

④ 在 Right boundary 中输入刚才记录下的不同点字符串的右面的几个字符，定义右边界，在 Search in 中选择 body。单击 OK 按钮。

⑤ 回到脚本编辑模式，查看该函数插入是否正确。在发出请求的函数前应该看到：

```
web_reg_save_param ("userSession ",
        "LB= input type=hidden name=userSession value=",
```

```
        "RB=>",
        "Search=Body",
        LAST);
```

(6) 将脚本中有用到关联的数据，用参数代替。如发出请求的参数如下，那么将原来服务器返回的动态值使用{userSession}来替换：

```
web_submit_data("login.pl",
        "Action=http://127.0.0.1:1080/WebTours/login.pl",
        "Method=POST",
        "RecContentType=text/html",
        "Referer=http://127.0.0.1:1080/WebTours/nav.pl?in=home",
        "Snapshot=t3.inf",
        "Mode=HTML",
        ITEMDATA,
        "Name=userSession", "Value={userSession}", ENDITEM,
        "Name=username", "Value=erer", ENDITEM,
        "Name=password", "Value=123456", ENDITEM,
        "Name=JSFormSubmit", "Value=off", ENDITEM,
        "Name=login.x", "Value=79", ENDITEM,
        "Name=login.y", "Value=12", ENDITEM,
        LAST);
```

(7) 回放脚本，验证关联的正确性。

5.5 回放脚本

通过录制一系列典型用户操作(例如预订机票)，已经模拟了真实用户操作。将录制的脚本合并到负载测试场景之前，回放此脚本以验证其是否能够正常运行。回放过程中，可以在浏览器中查看操作并检验是否一切正常。如果脚本不能正常回放，可能需要添加关联。回放脚本之前，可以配置运行时设置，用来帮助设置 Vugen 的行为。

5.5.1 设置运行时行为

通过 LoadRunner 运行时设置(Runtime Settings)，可以模拟各种真实用户活动和行为。例如，可以模拟一个对服务器输出立即做出响应的用户，也可以模拟一个先停下来思考，再做出响应的用户。另外还可以配置运行时设置来指定 Vugen 应该重复一系列操作的次数和频率。有一般运行时设置和专门针对某些 Vugen 类型的设置。例如，对于 Web 仿真，可以指示 Vugen 在 Netscape 而不是 Internet Explorer 中回放脚本。

适用于所有类型脚本的一般运行时设置。其中包括以下几项。

● 运行逻辑(Run Logic)。即重复次数。

● 步(Pacing)。即两次重复之间的等待时间。

● 思考时间(Think Time)。即用户在各步骤之间停下来思考的时间。

● 日志(Log)。即希望在回放期间收集的信息的级别。

注意，也可以在 LoadRunner Controller(控制器)中修改运行时设置。

1. 打开运行时设置对话框

(1) 确保 Task(任务)窗格出现(如果未出现，请单击 Task 按钮)。单击 Task 窗格中的验证回放。

(2) 在说明窗格内的标题运行时设置下单击打开 Runtime Settings(运行时设置)超链接，如图 5-53 所示。也可以按 F4 键或单击工具栏中的运行时设置按钮。这时将打开运行时设置对话框。

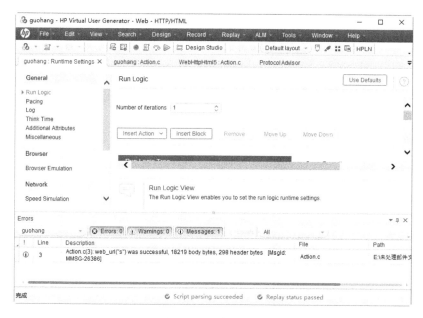

图 5-53 运行时设置

2. 设置运行逻辑

在左窗格中选择 Run Logic(运行逻辑)节点，设置迭代次数或说连续重复活动的次数，将迭代次数设置为 2，如图 5-54 所示。

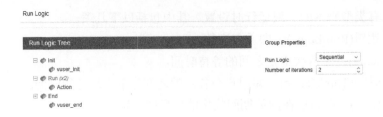

图 5-54　设置迭代次数

3. 迭代时间间隔的设置

在左窗格中选择 Pacing(步)节点，此节点用于控制迭代时间间隔，如图 5-55 所示。可以指定一个随机时间，这样可以准确模拟用户在操作之间等待的实际时间。但使用随机时间间隔时，很难看到真实用户在重复之间恰好等待 60 秒的情况。选择第三个单选按钮并选择下列设置：时间随机，间隔 60.000 到 90.000 秒。

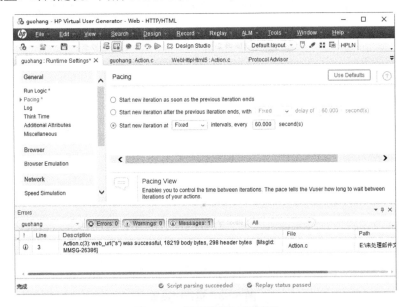

图 5-55　设置迭代时间间隔

4. 配置日志设置

在左窗格中选择 Log(日志)节点，可以配置日志，如图 5-56 所示。日志设置指出要在运行测试期间记录的信息量，开发期间，可以选择启用日志记录来调试脚本，但在确认脚本运行正常后，只能记录错误或禁用日志功能。选择扩展日志并启用参数替换。

图 5-56　配置日志

5. 查看思考时间设置

如图 5-57 所示，可以在左窗格中单击 Think Time(思考时间)节点。

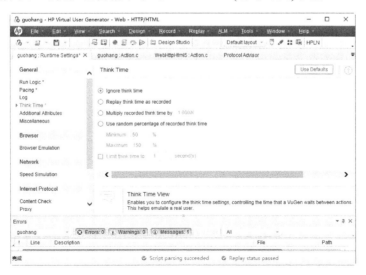

图 5-57　设置 Think Time 节点

备注：请勿进行任何更改。可以在 Controller(控制器)中设置思考时间。注意，在 Vugen 中运行脚本时速度很快，因为它不包含思考时间。

5.5.2　实时查看脚本运行情况

回放录制的脚本时，Vugen 的运行时查看器功能实时显示 Vugen 的活动情况。默认情况下，Vugen 在后台运行测试，不显示脚本中的操作动画。但在本教程中，将学习让 Vugen 在查看器中显示操作，从而能够看到 Vugen 如何执行每一步。查看器不是实际的浏览器，它只显示返回到 Vugen 的页面快照。此处就是回放时显示的快照，否则没有快照。

(1)　选择 Tools(工具)→Options(选项)命令，打开 Options 对话框，然后选择 General(常规)选项卡，如图 5-58 所示。

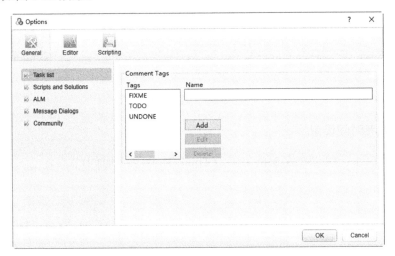

图 5-58　设置显示选项

(2)　单击 OK 按钮关闭 Options 对话框。在任务栏(Task)中单击验证回放(2.Replay)，然后单击说明窗格底部的开始回放按钮，或者按 F5 键，或者单击工具栏中的运行按钮，如图 5-59 所示。

(3)　如果打开选择结果目录的对话框，并询问要将结果文件保存到何处，请接受默认名称并单击 OK 按钮。稍后 Vugen 将打开运行时查看器，并开始运行脚本视图或树视图中的脚本(具体取决于上次打开的脚本)。在运行时查看器中，可以直观地看到 Vugen 的操作。注意回放的步骤顺序是否与录制的步骤顺序完全相同。回放结束后，会出现一个消息框提示是否扫描关联。

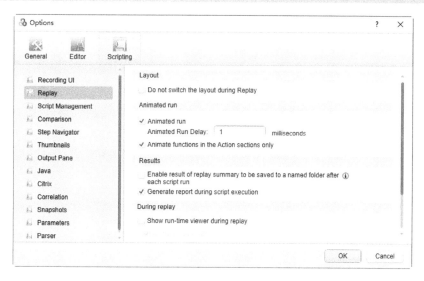

图 5-59　开始回放

5.5.3　查看回放信息

1. 查看概要信息

当脚本停止运行后，可以在向导中查看关于这次回放的概要信息。要查看上次回放概要，请单击验证回放。

上次回放概要列出检测到的所有错误，并显示录制和回放快照的缩略图。可以比较快照，找出录制的内容和回放的内容之间的差异。也可以通过复查事件的文本概要来查看 Vugen 操作。输出窗口中 Vugen 的"回放日志"选项卡用不同的颜色显示这些信息。

2. 查看回放的日志

单击说明窗口中的回放日志超链接。也可以单击工具栏中的显示/隐藏输出按钮，或者在菜单栏中选择视图→输出窗口，然后选择回放日志选项卡，如图 5-60 所示。

在回放日志中按 Ctrl+F 键打开 Find(查找)对话框，找到下列内容。

A：启动和终止。脚本运行的开始和结束 - 虚拟用户脚本已启动、Vuser 已终止。

B：迭代。迭代的开始和结束以及迭代编号(橙色字体部分)。

Vugen 用绿色显示成功的步骤，用红色显示错误。例如，如果在测试过程中连接中断，Vugen 将指出错误所在的行号并用红色显示整行文本。

双击回放日志中的某一行。Vugen 将转至脚本中的对应步骤，并在脚本视图中突出显示此步骤。

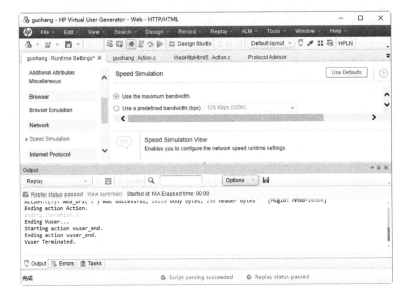

图 5-60　查看回放日志

5.5.4　确定测试已通过

回放录制的事件后，需要查看结果以确定是否全部成功通过。如果某个地方失败，则需要知道失败的时间以及原因。

查看测试结果的步骤如下。

(1) 要返回到向导，单击任务窗格(Task)中的验证回放。

(2) 在标题验证下的说明窗格中，单击可视测试结果超链接。也可以选择 Replay→Replay Summary 命令，打开如图 5-61 所示的窗口，单击其中的 The Test Results 链接，即可打开如图 5-62 所示的测试结果界面。

测试结果窗口首次打开时包含两个窗格："树"窗格(左侧)和"概要"(Summary)窗格(右侧)。"树"窗格包含结果树，每次迭代都会进行编号。"概要"窗格包含关于测试的详细信息以及屏幕录制器视频(如果有的话)。在"概要"窗格中，中间的表格指出哪些迭代通过了测试，哪些未通过。如果进行测试的 Vugen 按照原来录制的操作成功执行 HP Web Tours 网站上的所有操作，则认为测试通过。下方的表格指出哪些事务和检查点通过了测试，哪些未通过。

图 5-61   单击 The Test Results 链接

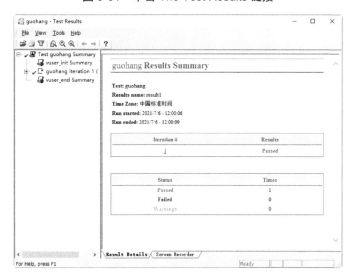

图 5-62   查看测试结果

5.5.5   搜索或筛选结果

如果测试结果表明有些地方失败，可以深入分析测试结果并找出失败的地方。在"树"窗格中，可以展开测试树并分别查看每一步的结果。"概要"窗格将显示迭代期间的回放快照。

1. 在树视图中展开迭代节点

展开节点 basic_tutorial 迭代 1，然后单击加号 (+) 展开左窗格中的 Action 概要节点。展开的节点将显示这次迭代中执行的一系列步骤。

2. 显示结果快照

选择 guohang Iteration 1:vuser_end Summary 节点，即可在概要窗格显示与该步骤相关的回放快照，如图 5-63 所示。

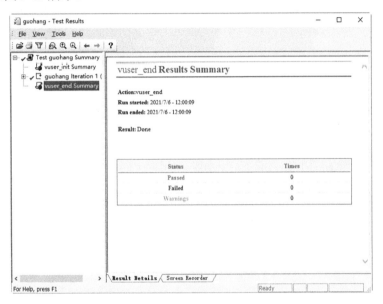

图 5-63　显示结果快照

3. 查看步骤概要

"概要"窗格显示步骤概要信息：对象或步骤名、关于页面加载是否成功的详细信息、结果(通过(Passed)、失败(Failed)、完成(Done)或警告(Warnings))以及步骤执行时间。

4. 搜索结果状态

可以使用关键字"通过"或"失败"搜索测试结果。此操作非常有用，例如当整个结果概要表明测试失败时，可以确定失败的位置。要搜索测试结果，选择 Tools→Find 命令，或者单击查找按钮，这时将打开查找对话框，如图 5-64 所示。

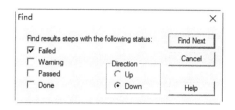

图 5-65　Find 对话框

选中 Done(通过)复选框，确保未选中其他选项，然后单击 Find Next(查找下一个)按钮。"测试树"窗格突出显示第一个状态为通过的步骤。

注：如果找不到选定状态的步骤，则不突出显示任何步骤。

5. 筛选结果

可以筛选"测试树"窗格来显示特定的迭代或状态。例如，可以进行筛选以便仅显示失败状态。要筛选结果，请选择 View→Filters 命令，或者单击筛选器按钮，这时将打开筛选器对话框，如图 5-65 所示。在状态部分选择失败，不选择任何其他选项。在内容部分选择全部并单击 OK 按钮。因为没有失败的结果，所以左窗格为空。

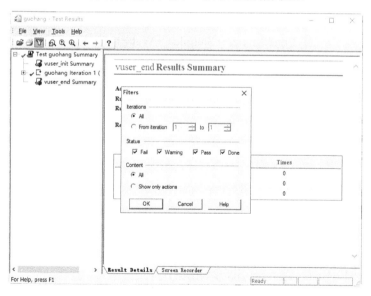

图 5-65　筛选器对话框

最后关闭 Test Results(测试结果)窗口，选择 File(文件)→Exit(退出)命令。

5.6 常见回放问题

创建脚本后，通过在 Vugen 中运行该脚本来对其进行验证。有时虽然操作录制成功，但简单的回放却会失败。许多应用程序都使用动态值，每次使用应用程序时这些值都会变化。例如，有些服务器会为每个新会话分配一个唯一的会话 ID。回放录制的会话时，应用程序创建的新会话 ID 与录制的会话 ID 不同。LoadRunner 通过关联解决了这种问题。关联将动态值(在本例中为会话 ID)保存到参数中。运行模拟场景时，Vugen 并不使用录制的值，而是使用服务器分配的新会话 ID。

5.6.1 设置 HP Web Tours 让其出现回放错误

要演示常见的回放错误，需要修改 HP Web Tours 应用程序中的设置。此设置告诉 HP Web Tours Web 服务器不允许出现重复的会话 ID。

1. 打开 HP Web Tours

选择开始→程序→HP LoadRunner→Samples→Web→HP Web Tours 应用程序。浏览器将打开 HP Web Tours 的主页。

2. 更改服务器选项

(1) 单击 HP Web Tours 主页上的 Administration(管理)链接，将打开 administration(管理)页面。

(2) 选中具有以下标题的复选框：Set LOGIN form's action tag to an error page.(将 LOGIN 表单的操作标记设置为错误页面)，向下滚动到页面底部并单击 Update (更新)。

(3) 向下滚动到页面底部并单击 Return to the Web Tours Homepage(返回到 Web Tours 主页)链接。此设置告诉服务器不允许出现重复的会话 ID。

5.6.2 如何使用唯一的服务器的值

在修改后的 HP Web Tours 配置中，服务器为 Vugen 分配一个唯一的会话 ID。现在如果回放脚本，将会失败。为解决此问题，请使用 Vugen 自动检测是否需要关联会话 ID。运行脚本后，Vugen 会提示扫描脚本，查看需要关联的地方。可以让 Vugen 插入将原始会话 ID

保存到参数中这一步。在每个回放会话中，Vugen 都会将新的唯一会话 ID 保存到参数中。在后面的步骤中，Vugen 使用保存的值而不是原来录制的值。

1. 使用动态值录制新脚本

录制新脚本，并将新脚本保存为 basic_tutorial_Cor。

2. 回放新脚本

在"任务"窗格中单击验证回放，然后单击说明窗格底部的 Start Replay(开始回放)按钮。Vugen 将运行新脚本，会看到输出窗口的回放日志选项卡中有几条显示为红色的错误消息。

3. 查看回放概要

在任务窗格中单击 Check Replay(验证回放)按钮以查看"上次回放概要"，如图 5-66 所示。

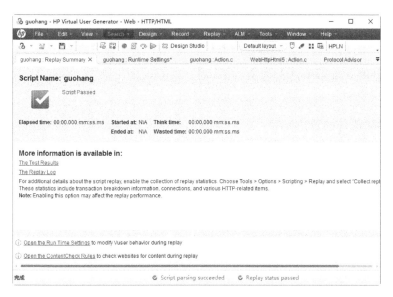

图 5-66　回放概要

4. 扫描脚本以查找需要关联的地方

单击说明窗格中标题"动态服务器值"下的链接显示并解析动态服务器值。Vugen 将扫描脚本，搜索录制值与回放值之间的不同。Vugen 将在 Output(输出)窗口的 Correlation

Results(关联结果)选项卡中显示一列可能需要关联的差异，如图 5-67 所示。

图 5-67　显示关联结果

5. 关联会话 ID

选择 Correlation Results(关联结果)选项卡中的第一个条目，单击 Correlate(关联)按钮。Vugen 将在脚本的顶部插入新步骤，将原始会话 ID 保存到参数中。在每个回放会话中，Vugen 都会将新的唯一会话 ID 保存到参数中。在后面的步骤中，Vugen 使用保存的值而不是原来录制的值。

6. 检查关联语句的语法

选择 View(视图)→Script View(脚本视图)命令，查看脚本中的关联语句。Vugen 添加到脚本中的语句如下：

```
web reg save param("WCSParam Diff1,
"LB=userSession value=",
"RB=>"
"Ord=1",
"RelFrameld=1.2.1",
"Search=Body",
LAST);
```

该语句的意思是检查以下两个字符串之间数据的服务器响应。

- 左边界：userSession value=
- 右边界：>

该语句指示 Vugen 将首次出现的此数据保存到参数 WCSParam_Diff1 中。

第 6 章

为负载准备测试脚本

　　在前面章节中,已经验证了脚本是应用程序的精确模拟,实时观看了脚本的回放并验证了 Vugen 执行的是典型业务流程。但这只适用于单个用户的模拟情况。当多个用户同时使用应用程序时,该应用程序是否仍可以运行? 如果可以,应用程序的性能是否会下降到不可接受的程度? 接下来我们将为负载测试准备脚本,并设置该脚本以收集响应时间数据。在这一章,将了解用于增强脚本,以便使用不同方法更有效地进行负载测试流程。

6.1 评测业务流程

在准备部署应用程序时，需要估计具体业务流程的持续时间：登录、预订机票等要花费多少时间。这些业务流程通常由脚本中的一个或多个步骤或操作组成。在 LoadRunner 中，通过将一系列操作标记为事务，可以将它们指定为要评测的操作。LoadRunner 收集关于事务执行时间长度的信息，并将结果显示在用不同颜色标识的图和报告中。可以通过这些信息了解应用程序是否符合最初的要求。

可以在脚本中的任意位置手动插入事务。将用户步骤标记为事务的方法是在事务的第一个步骤前面放置一个开始事务标记，并在最后 个步骤后面放置一个结束事务标记。在这一节，将在脚本中插入一个事务来计算用户查找和确认航班所花费的时间。打开创建的脚本 Basic_Tutorial。如果此脚本已经打开，可以选择显示其名称的选项卡。或者可以从"文件"菜单中打开该脚本。具体步骤如下。

1. 打开事务创建向导

(1) 确保出现 Tasks(任务)窗格。如果未出现，请单击 Tasks(任务)按钮。在 Tasks 窗格中单击 Enhancements 节点，右侧有一项是 Add Transaction(增加事务)，如图 6-1 所示。

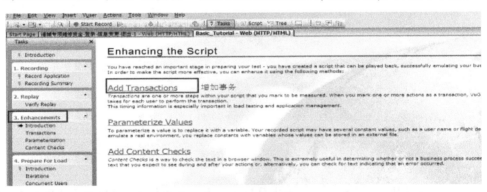

图 6-1 增加事务

(2) 在 Tasks(任务)窗格的 Enhancements(增强功能)下单击 Transactions(节点事务)。Transaction List 窗格中单击 New Transaction(新建事务)按钮，如图 6-2 所示。将打开事务创建向导。

(3) 事务创建向导显示脚本中不同步骤的缩略图。单击 New Transaction(新建事务)按钮。现在可以将事务标记拖放到脚本中的指定位置，向导会提示插入事务的起始点。

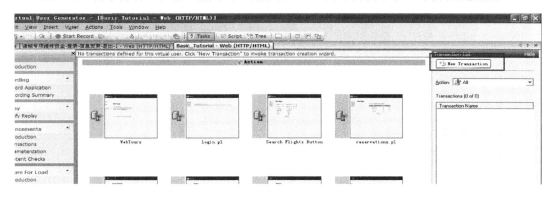

图6-2　新建事务

2. 插入事务开始的标志和事务结束的标志

使用鼠标将事务开始标志拖到名为 Search flights button 的第三个缩略图前面并单击将其放下。向导现在将提示插入结束点。使用鼠标将事务结束标志拖到名为 reservations.pl_2 的第五个缩略图后面并单击将其放下，如图 6-3 所示。

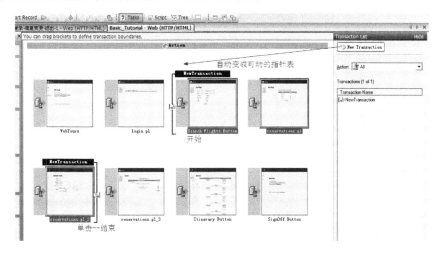

图6-3　插入开始、结束标志

3. 指定事务名称

向导会提示输入事务名称。输入 find_confirm_flight 并按 Enter 键，如图 6-4 所示。

现在已经创建了一个新事务。可以通过将标记拖到脚本中的不同位置来调整事务的起始点或结束点。通过单击事务起始标记上方的现有名称并输入新名称，还可以重命名事务。

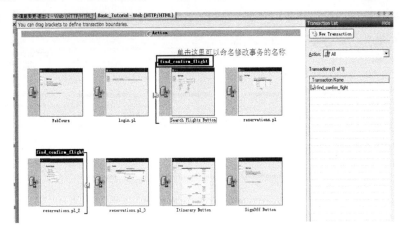

图 6-4　指定事务名称

4. 在树视图中观察事务

创建完事务后，即可开始运行，然后可以从如图 6-5 所示的树视图中查看事务相关信息。

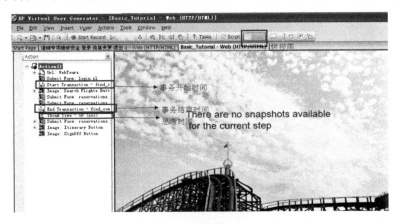

图 6-5　查看事务信息

6.2　模拟多个用户

在模拟场景中，跟踪一位预订机票并选择靠近过道座位的用户。但在实际生活中，不同的用户会有不同的喜好习惯。要改进测试，需要检查当用户选择不同的座位首选项(靠近过道、靠窗或无)时,是否可以正常预订。为此需要对脚本进行参数化。这意味着要将录制的值 Aisle 替换为一个参数。将参数值放在参数文件中。运行脚本时,Vuser 从参数文件中取值(Aisle、Window 或 None),从而模拟真实的旅行社环境。

下面来介绍参数化脚本。

1. 找到更改数据的部分

在测试树中双击 Submit Form: reservations.pl 步骤,将打开 Submit Form Step Properties(提交数据步骤属性)对话框,如图 6-6 所示。

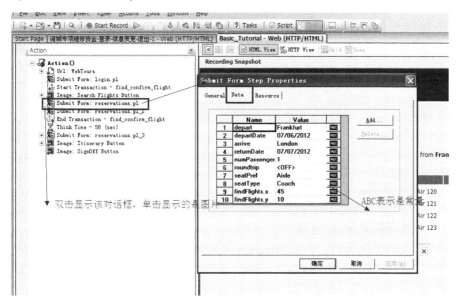

图 6-6　数据窗口

2. 将常量值更改为变量值

(1) 选择第七行中的 seatPref,单击 Aisle 旁边的 ABC 图标,打开 Select or Create Parameter(选择或创建参数)对话框,如图 6-7 所示。

(2) 在 Parameter name(参数名)下拉列表框中,输入 seat。接受 File 参数类型。单击 OK 按钮,Vugen 将用参数图标替换 ABC 图标。

(3) 单击{seat}旁边的参数图标并选择参数属性,将打开 Parameter Properties(参数属性)对话框,如图 6-8 所示。

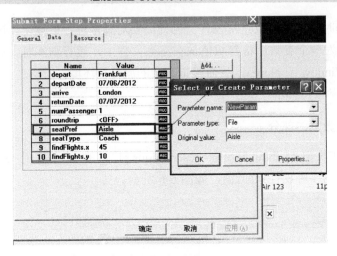

图 6-7　选择或创建参数

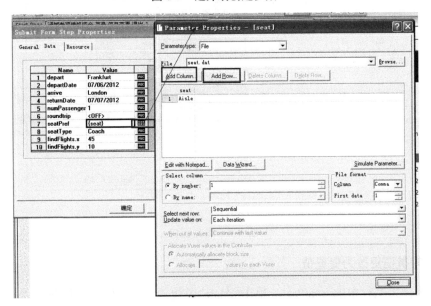

图 6-8　设置参数属性

3. 指定示例值来更改数据

(1) 单击 Add Row(添加行)按钮，用 Window 替换 Value 值，不区分大小写。

(2) 单击 Add Row(添加行)按钮，用 None 替换 Value 值，不区分大小写，如图 6-9 所示。

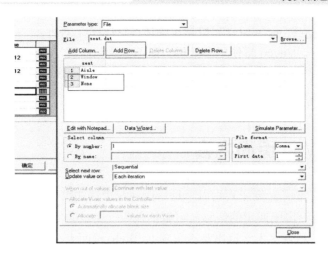

图6-9　添加行

4. 定义测试更改数据的方式

接受默认设置，让 Vugen 为每次迭代取顺序值而不是随机值，如图 6-10 所示。

- Select next row(选择下一行)：选择 Sequential(顺序)选项。
- Update value on(值更新时间)：选择 Each iteration(每次迭代)选项。

图6-10　设置迭代顺序

单击 Close(关闭)按钮以关闭 Parameter Properties(参数属性)对话框，然后单击 OK 按钮关闭 Submit Form Step Properties(提交数据步骤属性)对话框。现在已为座位首选项创建了参数。运行负载测试时，Vugen 将使用参数值，而不是录制的值 Aisle。运行脚本时，回放日志会显示每次迭代发生的参数替换。注意：第一次迭代时 Vuser 选择 Aisle，第二次迭代时选择 Window。

6.3 验证 Web 页面内容

运行测试时，常常需要验证某些内容是否出现在返回的页面上。内容检查验证脚本运行时 Web 页面上是否出现期望的信息。可以插入两种类型的内容检查：

- 文本检查。检查文本字符串是否出现在 Web 页面上。
- 图像检查。检查图像是否出现在 Web 页面上。

下面主要介绍文本检查的方法。以检查 Find Flight 是否出现在脚本中的订票页面上为例，添加文本检查。

1. 打开文本检查向导

(1) 确保出现 Tasks(任务)窗格，如果未出现，请单击 Tasks(任务)按钮，在 Tasks 窗格的 Enhancements(增强功能)下单击 Content Check(内容检查)节点。内容检查向导打开，显示脚本中每个步骤的缩略图，如图 6-11 所示。

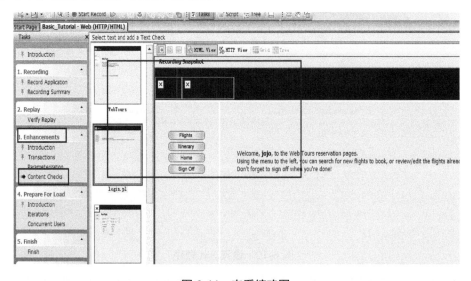

图 6-11　查看缩略图

(2) 选择工具栏中的 HTML 视图以显示缩略图的快照，如图 6-12 所示。

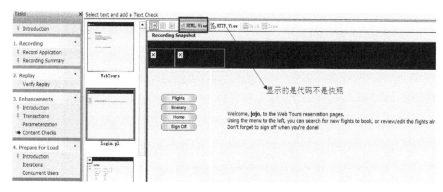

图 6-12 显示缩略图的快照

(3) 选择包含待检查文本的页面，单击名为 reservations.pl 的第四个缩略图，如图 6-13 所示。

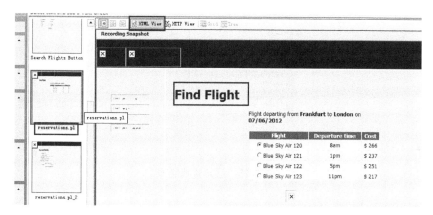

图 6-13 建立文本

(4) 选择要检查的文本，突出显示快照内的文字"Find Flight"(查找航班)并右击，在弹出的快捷菜单中选择 Add a Text Check(Web_Reg_Find)命令，打开 Find Text(查找文本)对话框，显示在 Search for Specific Text(查找选定内容)文本中选定的文本，单击 OK 按钮，如图 6-14 所示。

2. 查看新步骤

在树视图(视图→树视图)中，会看到 Vugen 在脚本中插入了一个新步骤 Service: Reg Find。这一步注册文本检查，LoadRunner 将在运行步骤后检查文本。回放期间，Vugen 将查找文本 Find Flight 并在回放日志中指出是否找到，如图 6-15 所示。

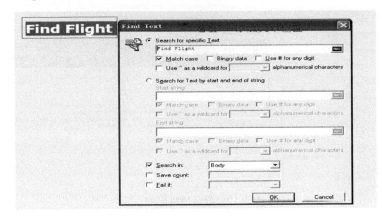

图 6-14　设置查找文本

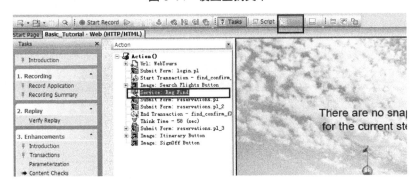

图 6-15　显示查找结果

6.4　生成调试信息

在测试运行的某些时候，经常需要向输出设备发送消息，指出当前位置和其他信息。这些输出消息会出现在回放日志和 Controller 的输出窗口中。可以发送标准输出消息或指出发生错误的消息。要确定是否发出错误消息，建议先查找失败状态。如果状态为失败，就让 Vugen 发出错误消息。请参阅《HP LoadRunner Online Function Reference》中的示例。

下面介绍 Vugen 在应用程序中完成一次完整的预订后插入一条输出消息。

(1)　选择一个位置，在树视图中选择最后一个步骤，Image：Sign Off Button，将在右边打开快照，如图 6-16 所示。

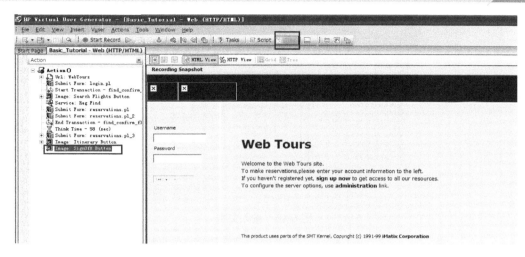

图 6-16　打开快照

　　(2)　插入一条输出信息，选择 Insert(插入)→New Step(新建步骤)命令，打开 Add Step(添加步骤)对话框，向下滚动并选择输出信息，然后单击 OK 按钮。在形成的缩略图上单击，可以修改缩略图的名称，如图 6-17 所示。

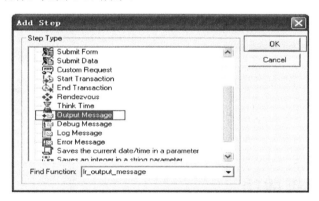

图 6-17　新建步骤

　　(3)　输入消息信息，在 Message Text(消息文本)文本框中输入：The Flight Was Booked，如图 6-18 所示。

　　(4)　单击工具栏中的保存按钮，保存脚本信息。

　　注意：要插入错误消息，可重复上述步骤，不同之处在于要在 Add Step(添加步骤)对话框中选择错误消息而不是输出消息，如图 6-19 所示。

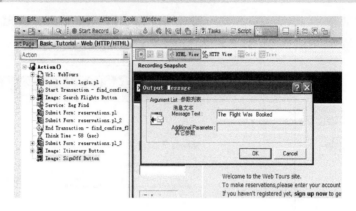

图 6-18　输入文本

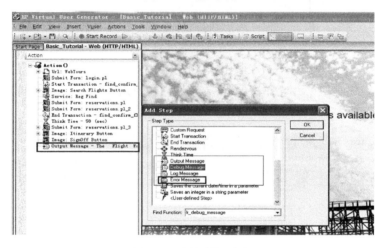

图 6-19　插入错误消息

6.5　测试是否成功

在这一节，将运行增强的脚本并查看回放日志来检查文本和图像，将查看文本和图像检查、事务以及参数化。默认情况下，由于图像检查需要占用更多内存，在回放期间会将其禁用。如果要执行图像检查，需要在运行时设置中启用此项检查。

1. 启用图像检查

打开 Run -time Settings(运行时设置)对话框(选择 Vuser→Run-time Settings(运行时设置)命令)，选择 Internet 协议：ContentCheck，选择启用图像和文本检查。单击 OK 按钮关闭

Run-time Settings(运行时设置)对话框，如图 6-20 所示。

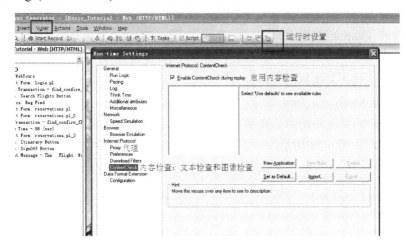

图 6-20　启用图像和文本检查

2. 运行脚本

在工具栏中单击"运行"按钮或选择 Vugen→Run(运行)命令。Vugen 将开始运行脚本，同时在输出窗口中创建回放日志。等待脚本完成运行。备注：如果此时 Hp Web Tours 的服务没有开始，回放脚本或者说是运行脚本就是失败的，就是说被录制的脚本的哪个系统是可以正常访问的，如图 6-21 所示。

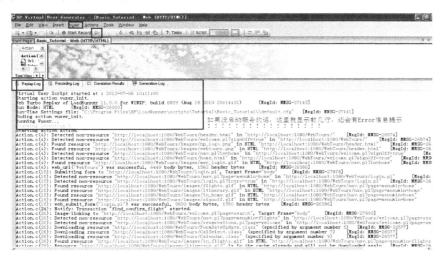

图 6-21　运行脚本结果

3. 查找文本检查

确保已打开 Output(输出)窗口(选择 View(视图)→Output Window(输出窗口)命令)。在 Replay Log(回放日志)选项卡中,按 Ctrl+F 键打开 Find(查找)对话框,查找 web_reg_find。第一个实例如下:这不是实际的文本检查,而是让 Vugen 准备好在表单提交后检查文本。再次查找(按 F3 键) web_reg_find 的下一个实例。该实例如下所示:这说明文本已找到。如果有人更改了 Web 页面并删除了文字 Find Flight,那么在后续的运行中,输出消息会指出找不到这些文字,如图 6-22 所示。

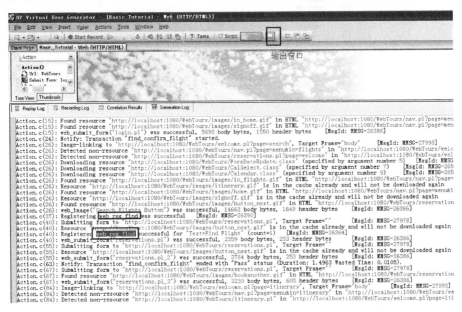

图 6-22　查找结果

4. 查找事务的起始点

在 Replay Log(回放日志)选项卡中,按 Ctrl+F 键打开 Find(查找)对话框。搜索单词 Transaction。该通知用蓝色显示,如图 6-23 所示。

5. 查看参数替换

在"回放日志"选项卡中,按 Ctrl+F 键打开 Find(查找)对话框。搜索单词 Parameter。日志包含通知"seat"="Aisle"。再次搜索(按 F3 键)下一处替换。注意 Vugen 在每次迭代时如何替换不同的值。选择 File(文件)→Save(保存)命令或单击"保存"按钮。

图 6-23　蓝色显示查找结果

第 7 章

LoadRunner–Controller
负载生成及运行场景

　　负载测试是指在典型工作条件下测试应用程序，例如，多家旅行社同时在同一个机票预订系统中预订机票。需要设计测试来模拟真实情况。为此，需要在应用程序上生成较重负载，并安排向系统施加负载的时间(因为用户不会正好同时登录或退出系统)。还需要模拟不同类型的用户活动和行为。例如，一些用户可能使用 Netscape(而不是 Internet Explorer)来查看应用程序的性能，并且可能使用不同的网络连接(例如调制解调器、DSL 或电缆)。可以在场景中创建并保存这些设置。Controller 提供所有用于创建和运行测试的工具，帮助准确模拟工作环境。

7.1 场景设计及执行

为了尽量模拟用户实际使用软件的情况，性能测试一般使用以下场景：基准测试、并发测试、混合测试、负载测试、稳定性测试。

7.1.1 基准测试

基准测试(Benchmark Testing)指在一定的软硬件及网络环境下，执行一个或多个交易，在一定的虚拟用户数量情况下，将测试结果作为基线数据，在系统调优的过程中，通过运行相同的业务场景来对比测试结果，确定调优的结果是否达到预期效果或者为系统调优提供参考数据。基准测试一般是基于配置测试，通过配置测试得到结果，并将这个结果作为基准来比较每次调优后的性能指标是否有所提升。

在实际测试过程中，典型交易基准测试是单交易单用户测试，目的是对选择的交易在无压力(无额外进程运行并占用系统资源)情况下，获取系统处理单笔交易的耗时，为下一步模拟多个用户的性能测试提供一个基本数据参考。

基准测试要达到以下目标：

- 验证测试脚本及测试参数的正确性；
- 获取系统处理单笔交易性能数据，主要是单笔交易平均响应时间。

测试方法：对于单业务单用户测试，使用一个 Vuser，无思考时间和迭代延迟，交易持续运行 5 分钟，验证脚本是否运行正确、所有交易事务是否成功返回，并记录场景执行结果的 TPS、响应时间及成功率。

7.1.2 并发测试

并发测试(Concurrent Testing)是指通过模拟多个用户并发访问一个应用、存储过程或者数据记录等其他并发操作，需要专门针对项目的每个模块进行并发测试来验证是否存在数据库死锁、数据错误、重复请求、内存溢出等问题。

在实际测试过程中，单业务多用户并发测试对此交易通过多个用户多次迭代执行，获得该交易在并发用户情况下的平均响应时间以及每秒响应交易数，同时检验服务器端对此交易多个并发用户的处理能力。如发现交易的单业务瓶颈，可针对问题进行优化。

测试方法：从某个固定的虚拟用户数开始，对单交易采用逐渐加压和减压方式(用户增加幅度可能会根据实际的执行情况进行调整)，无思考时间和迭代延迟，持续运行 10 分钟，获取其并发处理性能表现。

7.1.3 混合测试

混合测试是让不同接口串连在一起通过多个用户多次迭代执行，获取各个接口在并发用户下的平均响应时间以及每秒响应事务数，同时检验服务器端对于多个接口多个用户并发的处理能力。

测试方法：并发用户数以梯度增量方式测试多个交易，无思考时间和迭代延迟，持续运行 10 分钟。

7.1.4 负载测试

负载测试(Load Testing)是指在一定的软硬件及网络环境下，执行一个或多个交易不断对被测系统增加压力，直到性能指标达到并超过预定指标(如响应时间、TPS 等)或者某种资源已经达到饱和的使用状态，这种测试方法通常可以找到系统处理交易的极限。

在实际测试过程中，负载测试通过多个用户多次迭代执行，获得该交易在并发用户情况下的平均响应时间以及每秒响应交易数，同时检验服务器端对此交易多个并发用户的处理能力。如发现交易的单业务瓶颈，可针对问题进行优化。

测试方法：从某个固定的虚拟用户数开始，对单交易采用逐渐加压方式，无思考时间和迭代延迟，持续运行 5 分钟，获取其并发处理性能表现。

7.1.5 稳定性测试

稳定性测试(Reliability Testing)是指通过给系统一定的业务压力(如服务器资源使用率在 70%～90%)的情况下，让应用持续运行较长的一段时间，测试系统在这种压力下是否能够稳定运行。

测试方法：稳定性测试采用 500 并发，混合压力测试交易配比持续施压 24 小时。

7.2 LoadRunner Controller 简介

负载测试是指在典型工作条件下测试应用程序，例如，多家旅行社同时在同一个机票预订系统中预订机票。

需要设计测试来模拟真实情况。为此，要能够在应用程序上生成较重负载，并安排向系统施加负载的时间(因为用户不会正好同时登录或退出系统)；还需要模拟不同类型的用户活动和行为。

例如，一些用户可能使用 Netscape (而不是 Internet Explorer)来查看应用程序的性能，并且可能使用不同的网络连接(例如调制解调器、DSL 或电缆)。可以在场景中创建并保存这些设置。Controller 提供所有用于创建和运行测试的工具，帮助准确模拟工作环境。

1. 打开 Controller 窗口

双击桌面图标打开 HP LoadRunner Controller。默认情况下 Controller 打开时会显示 New Scenario(新建场景)对话框，如图 7-1 所示。

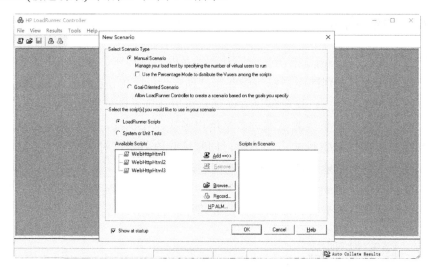

图 7-1 新建场景

2. 选择场景类型

如图 7-2 所示，有两种场景供选择。

(1) Manual Scenario(手动场景)。通过手动场景可以控制正在运行的 Vuser 数目及其运行时间，另外还可以测试出应用程序可以同时运行的 Vuser 数目。可以使用百分比模式，根据业务分析员指定的百分比在脚本间分配所有的 Vuser。安装后首次启动 LoadRunner 时，默认选中百分比模式复选框。如果已选中该复选框，请取消选中。

(2) Goal-Oriented Scenario(面向目标的场景)。面向目标的场景用来确定系统是否可以达到特定的目标。例如，可以根据指定的事务响应时间或每秒点击数/事务数确定目标，然后 LoadRunner 会根据这些目标自动创建场景。

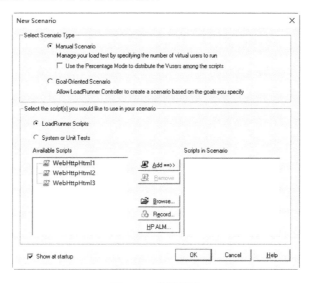

图 7-2　选择场景

3. 向负载测试添加脚本

单击图 7-2 所示界面中的 Browse 按钮，弹出如图 7-3 所示的 Open Script 对话框，选择 guohang 脚本，单击 Open 按钮打开。

图 7-3　打开脚本

此脚本显示在可用脚本部分和场景中的脚本部分，单击 OK 按钮。LoadRunner Controller 将在 Design(设计)选项卡中打开场景，如图 7-4 所示。

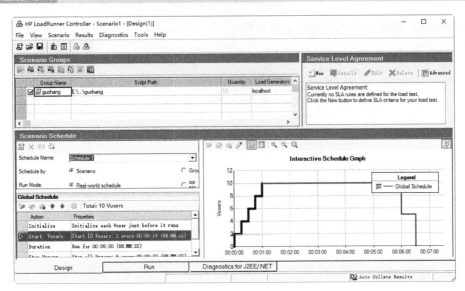

图 7-4　打开场景

Controller 窗口的设计选项卡分为三个主要部分。

(1) Scenario Groups(场景组)窗格。在场景组窗格中配置 Vuser 组。可以创建代表系统中典型用户的不同组，指定运行的 Vuser 数目以及运行时使用的计算机。

(2) Service Level Agreement(服务水平协议)窗格。设计负载测试场景时，可以为性能指标定义目标值或服务水平协议 (SLA)。运行场景时， LoadRunner 收集并存储与性能相关的数据。分析运行情况时， Analysis 将这些数据与 SLA 进行比较，并为预先定义的测量指标确定 SLA 状态。

(3) Scenario Schedules(场景计划)窗格。在"场景计划"窗格中，设置加压方式以准确模拟真实用户行为。可以根据运行 Vuser 的计算机、将负载施加到应用程序的频率、负载测试持续时间以及负载停止方式来定义操作。

7.3　LoadRunner Controller 的具体操作

7.3.1　修改脚本详细信息

修改脚本详细信息步骤如下。

(1) 确保 guohang 出现在"场景组"组名称列中，因此需要更改组名称，如图 7-5 所示。

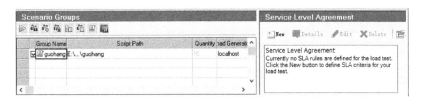

图 7-5 选择组名称

(2) 选择脚本并单击 Details 按钮，将打开 Group Information(组信息)对话框。在组名称中输入一个更有意义的名称：learning，如图 7-6 所示。

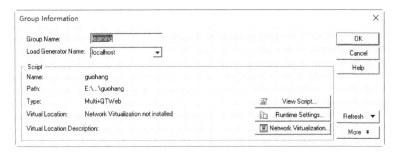

图 7-6 更改组名称

7.3.2 生成重负载

添加脚本后，可以配置生成负载的计算机。Load Generator 是通过运行 Vuser 在应用程序中生成负载的计算机。可以使用多个 Load Generator，并在每个 Load Generator 上运行多个 Vuser。在这一节，主要介绍如何向场景添加 Load Generator，以及如何测试 Load Generator 连接。

1. 添加 Load Generator

在设计选项卡中，添加 Load Generator 按钮，将打开 Load Generator 对话框，显示名称为 localhost 的 load generator 的详细信息，如图 7-7 所示。

这里将使用本地计算机作为 Load Generator (默认情况下包括在场景中)。localhost Load Generator 的状态为关闭，这说明 Controller 未连接到 Load Generator。

注：在典型的生产系统中，将有若干个 Load Generator，每一个拥有多个 Vuser。

2. 测试 Load Generator

运行场景时，Controller 自动连接到 Load Generator。但也可以在运行场景之前测试连接。选择 localhost 并单击 Connect 按钮，Controller 会尝试连接到 Load Generator 计算机。建立连接后，状态会从关闭变为就绪。单击 Close 按钮，如图 7-8 所示。

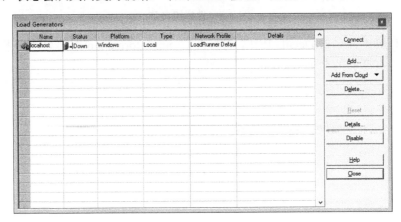

图 7-7　添加 Load Generator

图 7-8　测试 Load Generator

7.3.3　模拟真实加压方式

添加 Load Generator 后，就可以配置加压方式。典型用户不会正好同时登录和退出系统。LoadRunner 允许用户逐渐登录和退出系统，它还允许确定场景持续时间和场景停止方式。下面将要配置的场景相对比较简单。但在设计更准确地反映现实情况的场景时，可以定义更真实的 Vuser 活动。可以在 Controller 窗口的场景计划窗格中为手动场景配置加载行为。"场景计划"窗格分为三部分：计划定义区域、操作单元格和交互计划图。现在可以更改默认负载设置并配置场景计划。

1. 选择计划类型和运行模式

在计划定义区域，确保选中计划方式的场景和运行模式的实际计划，如图 7-9 所示。

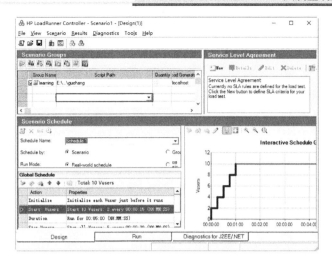

图 7-9　选择计划类型

2. 设置计划操作定义

可以在 Global Schedule(全局计划)中为场景计划设置启动 Vuser、持续时间以及停止 Vuser 操作。双击对应的 Action(行为)，可以打开对应的行为设置对话框。

(1) 双击 Initialize(初始化)，打开如图 7-10 所示的 Edit Action 对话框，可以在其中设置初始化选项。初始化是指通过运行脚本中的 vuser_init 操作，为负载测试准备 Vuser LoadGenerator。在 Vuser 开始运行之前对其进行初始化可以减少 CPU 占用量，并有利于提供更加真实的结果。在"操作"单元格中双击初始化，选择同时初始化所有 Vuser。

(2) 双击 Start Vusers(启动 Vuser)，打开如图 7-11 所示的对话框，可以设置启动用户的数量。通过按照一定的间隔启动 Vuser，可以让 Vuser 对应用程序施加的负载在测试过程中逐渐增加，帮助准确找出系统响应时间开始变长的转折点。在"操作"单元格中双击启动 Vuser。这时将打开 Edit Action 对话框，显示启动 Vuser 操作。在设置启动 X 个 Vuser 的下拉列表框中，输入 8 并在下面选择第二个选项：每 00:00:30(30 秒)启动 2 个 Vuser。

图 7-10　Edit Action 对话框

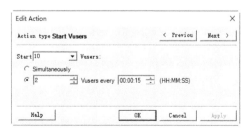

图 7-11　设置启动用户数量

(3) 双击 Duration 选项，弹出如图 7-12 所示的对话框，可以在其中设置持续时间。可以指定持续时间，确保 Vuser 在特定的时间段内持续执行计划的操作，以便评测服务器上的持续负载。如果设置了持续时间，脚本会运行这段时间内所需的迭代次数，而不考虑脚本的运行时设置中所设置的迭代次数。通过单击交互计划图工具栏中的编辑模式按钮确保交互计划图处于编辑模式。

(4) 双击 Stop Vusers 选项，打开如图 7-13 所示的对话框，可以设置停止用户数量。建议逐渐停止 Vuser，以帮助在应用程序到达阈值后，检测内存漏洞并检查系统恢复情况。在"操作"单元格中双击停止 Vuser。这时将打开 Edit Action 对话框，显示停止 Vuser 操作。选择第二个选项并输入以下值：每隔 00:00:30 (30 秒)停止两个 Vuser。

图 7-12　设置持续时间

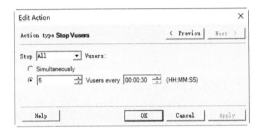

图 7-13　设置停止用户数量

7.3.4　模拟不同类型的用户

现在已配置好负载计划，接下来需要指定 Vuser 在测试期间的行为方式。模拟真实用户时，需要考虑用户的实际行为。行为是指用户在操作之间暂停的时间、用户重复同一操作的次数，等等。本节中，将进一步介绍 LoadRunner 的 Run-time Settings(运行时设置)，并启用思考时间和日志记录。

1. 打开 Run-time Settings(运行时设置)

在主界面中，选择脚本并单击运行时设置按钮，这时将显示 Run-time Settings(运行时设置)对话框，如图 7-14 所示。

通过运行时设置，可以模拟各种用户活动和行为。其中包括以下几项。

- Run Logic(运行逻辑)。用户重复一系列操作的次数。
- Pacing(步)。重复操作之前等待的时间。
- Log(日志)。希望在测试期间收集的信息的级别。如果是首次运行场景，建议生成日志消息，确保万一首次运行失败时有调试信息。

- Think Time(思考时间)。用户在各步骤之间停下来思考的时间。由于用户是根据其经验水平和目标与应用程序交互，因此，技术上更加精通的用户工作速度可能会比新用户快。通过启用思考时间，可使 Vuser 在负载测试期间更准确地模拟对应的真实用户。

- Speed Simulation(速度模拟)。使用不同网络连接(例如调制解调器、DSL 和电缆)的用户。

- Browser Simulation(浏览器模拟)。使用不同浏览器查看应用程序性能的用户。

- Content Check(内容检查)。用于自动检测用户定义的错误。

图 7-14　运行时设置

假设发生错误时应用程序发送了一个自定义页面，该自定义页面总是包含文字 ASP Error。需要搜索服务器返回的所有页面，并查看是否出现文字 ASP Error 可以使用内容检查运行时设置，设置 LoadRunner 在测试运行期间自动查找这些文字。LoadRunner 将搜索这些文字并在检测到时生成错误。在场景运行期间，可以识别内容检查错误。

2. 启用思考时间

选择 General(常规)下面的 Think Time(思考时间)节点。选择重播思考时间，并选择使用录制思考时间的随机百分比选项。指定最小值为 50%，最大值为 150%，如图 7-15 所示。

使用录制思考时间的随机百分比模拟熟练程度不同的用户。例如，如果选择航班的录制思考时间是 4 秒，则随机时间可以是 2～6 秒之间的任意值(4 的 50%～150%)。

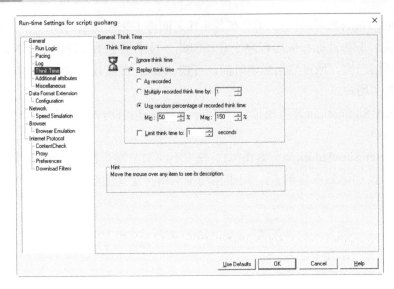

图 7-15 启用思考时间

3. 启用日志记录

选择 General(常规)下面的 Log(日志)节点，然后选择启用日志记录。在日志选项中，选择始终发送消息。选择扩展日志，然后选择服务器返回的数据，如图 7-16 所示。

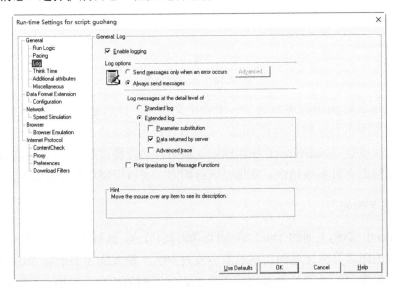

图 7-16 启用日志记录

注：初次调试运行后，建议不要对负载测试使用扩展日志记录。在本教程中启用它只是为了提供 Vuser 输出日志信息。

设置完之后，单击 OK 按钮，关闭"运行时设置"对话框。

7.3.5 监控负载下的系统

现在已经定义了 Vuser 在测试期间的行为方式，接下来就可以设置监控器了。在应用程序中生成重负载时，希望实时了解应用程序的性能以及潜在的瓶颈。使用 LoadRunner 的一套集成监控器可以评测负载测试期间系统每一层的性能以及服务器和组件的性能。LoadRunner 包含多种后端系统主要组件(如 Web、应用程序、数据库和 ERP/CRM 服务器)的监控器。例如，可以根据正在运行的 Web 服务器类型选择 Web 服务器资源监控器；还可以为相关的监控器购买许可证，例如 IIS，然后使用该监控器精确指出 IIS 资源中反映的问题。在这一节，将介绍如何添加和配置 Windows 资源监控器，可以使用该监控器确定负载对 CPU、磁盘和内存资源的影响。

1. 选择 Windows 资源监控器

(1) 单击 Controller 窗口中的 Run(运行)选项卡，打开"运行"视图。Windows 资源图是显示在图查看区域的四个默认图之一，如图 7-17 所示。

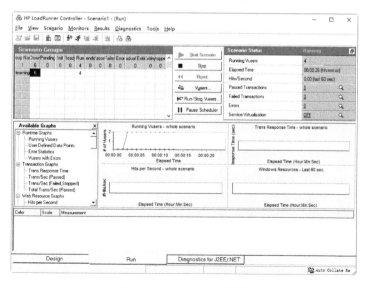

图 7-17　Windows 资源图

(2) 右击 Windows 资源图并在弹出的快捷菜单中选择 Add##(添加度量)命令,打开如图 7-18 所示的"Windows 资源"对话框。

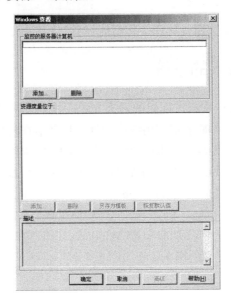

图 7-18 "Windows 资源"对话框

2. 选择监控的服务器

在"Windows 资源"对话框的监控的服务器计算机部分,单击"添加"按钮,打开如图 7-19 所示的"添加计算机"对话框。

在"名称"下拉列表框中,输入 localhost。(如果 Load Generator 正在另一台机器上运行,可以输入服务器名称或该计算机的 IP 地址)在"平台"下拉列表框中输入计算机的运行平台。默认的 Windows 资源度量列在 <服务器> 上的资源度量下(见图 7-20)。

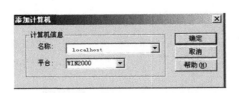

图 7-19 "添加计算机"对话框

图 7-20 添加资源度量

3．激活监控器

先确认"Windows 资源"对话框中的"确定"按钮已激活，单击"确定"按钮。

7.4　运行负载测试

运行测试时，LoadRunner 会对应用程序施加负载，然后可以使用 LoadRunner 的监控器和图来观察真实条件下应用程序的性能。

7.4.1　Controller 运行视图一览

Controller 窗口中的 Run(运行)选项卡是用来管理和监控测试情况的控制中心。如图 7-21 所示，"运行"视图包含五个主要部分。

- Scenario Groups(场景组)窗格。位于左上角的窗格，可以在其中查看场景组内 Vuser 的状态。使用该窗格右侧的按钮可以启动、停止和重置场景，查看各个 Vuser 的状态，通过手动添加更多 Vuser 增加场景运行期间应用程序的负载。
- Scenario Status(场景状态)窗格。位于右上角的窗格，可以在其中查看负载测试的概要信息，包括正在运行的 Vuser 数量和每个 Vuser 操作的状态。

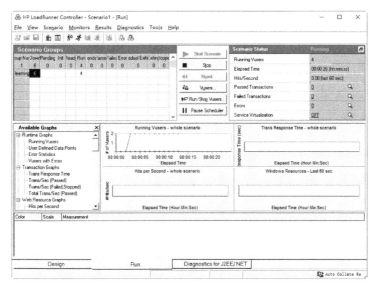

图 7-21　"运行"视图

- Available Graphs(可用图树)。位于中间偏左位置的窗格，可以在其中看到一列 LoadRunner 图。要打开图，请在树中选择一个图，并将其拖到图查看区域。

- 图查看区域。位于中间偏右位置的窗格，可以在其中自定义显示画面，查看 1~8 个图(视图→查看图)。

- 图例。位于底部的窗格，可以在其中查看所选图的数据。

7.4.2 运行负载测试场景

1. 打开 Controller 的"运行"视图

选择屏幕底部的运行选项卡。注意在"场景组"窗格的关闭列中有 12 个 Vuser，这些 Vuser 是在创建场景时创建的，如图 7-22 所示。

Group Name 1	Down 10	Pending 0	Init 0	Ready 0	Run 0	Rendez 0	Passed 0	Failed 0	Error 0	Gradual Exiting 0	Exiting 0	Stopped 0
learning	10											

图 7-22　"场景组"窗格

由于尚未运行场景，所有其他计数器均显示为零，并且图查看区域内的所有图(Windows 资源除外)都为空白。在下一步开始运行场景之后，图和计数器将开始显示信息。

2. 开始场景

单击开始场景按钮，或者选择 Scenario(场景)→ Start(开始)命令，以开始运行测试。

如果是第一次运行测试，Controller 将开始运行场景，结果文件将自动保存到 Load Generator 的临时目录下。如果是重复测试，系统会提示覆盖现有的结果文件，如图 7-23 所示。单击"否"按钮，因为首次负载测试的结果应该作为基准结果，用来与后面的负载测试结果进行比较。

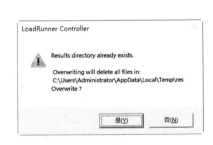

图 7-23　设置结果目录

7.4.3 监控负载下的应用程序

1. 检查性能图

Run(运行)选项卡显示下列默认的联机图(见图 7-24):

- "正在运行 Vuser - 整个场景"图。显示在指定时间运行的 Vuser 数。
- "事务响应时间 - 整个场景"图。显示完成每个事务所用的时间。
- "每秒点击次数 - 整个场景"图。显示场景运行期间 Vuser 每秒向 Web 服务器提交的点击次数(HTTP 请求数)。
- "Windows 资源"图。显示场景运行期间评测的 Windows 资源。

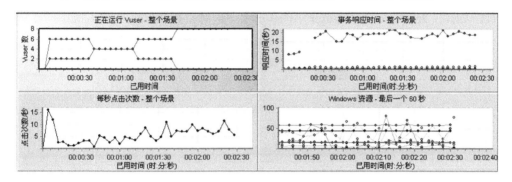

图 7-24 突出显示单个测量值

双击"Windows 资源"图将其放大。注意每个测量值都显示在图例中用不同颜色标记的行中。每行对应图中与之颜色相同的一条线。选中一行时,图中的相应线条将突出显示,反之则不突出显示。再次双击图、将其缩小。

2. 查看吞吐量信息

选择可用图树中的吞吐量图,将其拖放到图查看区域,如图 7-25 所示。"吞吐量"图中的测量值显示在画面窗口和图例中。"吞吐量"图显示 Vuser 每秒从服务器接收的数据总量(以字节为单位)。可以将此图与"事务响应时间"图比较,查看吞吐量对事务性能的影响。如果随着时间的推移和 Vuser 数目的增加,吞吐量不断增加,说明带宽够用;如果随着 Vuser 数目的增加,吞吐量保持相对平稳,可以认为是带宽限制了数据流量。

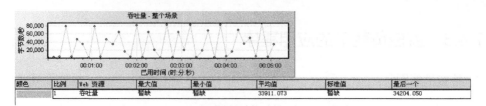

图 7-25 吞吐量

7.4.4 实时观察 Vuser 运行情况

模拟用户时,应该能够实时查看用户的操作,确保它们执行正确的步骤。通过 Controller,可以使用运行时查看器实时查看操作。要直观地查看 Vuser 的操作,请执行以下操作。

(1) 如图 7-26 所示,单击 Vuser 中的 按钮,这时将打开 Vuser 窗口,如图 7-27 所示。

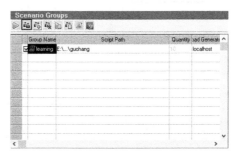

图 7-26 单击 按钮

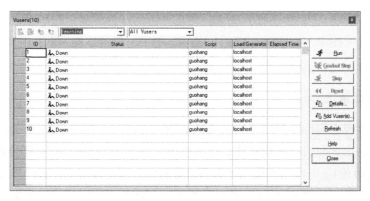

图 7-27 Vuser 窗口

状态列显示每个 Vuser 的状态。在上例中,可以看到有四个正在运行的 Vuser 和四个已经关闭的 Vuser。计划程序中的启动 Vuser 操作指示 Controller 每次释放两个 Vuser。

随着场景的运行，将继续每隔 30 秒向组中添加两个 Vuser。

（2）从 Vuser 中选择一个正在运行的 Vuser。单击 Vuser 工具栏中的显示选定的 Vuser 按钮，将打开运行时查看器并显示所选 Vuser 当前执行的操作。当 Vuser 执行录制的脚本中所包含的各个步骤时，窗口将不断更新。

（3）单击 Vuser 工具栏中的隐藏选定的 Vuser 按钮，关闭"运行时查看器"日志，如图 7-28 所示。

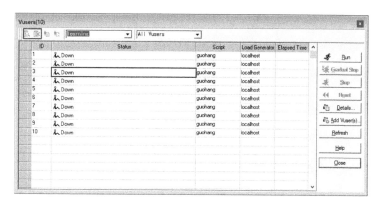

图 7-28　隐藏选定

7.4.5　查看用户操作的概要信息

对于正在运行的测试，要检查测试期间各个 Vuser 的进度，可以查看包含 Vuser 操作文本概要信息的日志文件，如图 7-29 所示。

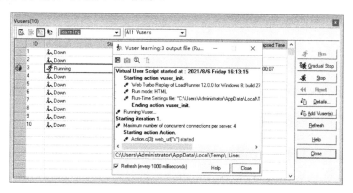

图 7-29　概要信息

在 Vuser 窗口中选择一个正在运行的 Vuser，单击显示 Vuser 日志按钮，打开 Vuser

日志窗口。

7.4.6 在日志中查看操作消息

日志中包含与 Vuser 操作对应的消息。例如，如图 7-30 所示，消息 Virtual User Script started 说明场景已启动。滚动到日志底部，查看为所选 Vuser 执行的每个操作添加的新消息。

图 7-30 消息日志

关闭 Vuser 日志窗口和 Vuser 窗口。

7.4.7 在测试期间增加负载

用户可以通过手动添加更多 Vuser 在运行负载测试期间增加应用程序的负载。

在运行视图中，单击 Run(运行)/Stop(停止)Vuser 按钮，打开 Run/Stop Vuser(运行/停止) 对话框，显示当前分配到场景中运行的 Vuser 数。在 # 列中，输入要添加到组中的额外的 Vuser 的数目。要运行两个额外的 Vuser，请将#列中的数字 8 替换为 2。

单击运行以添加 Vuser。如果某些 Vuser 尚未初始化，将打开运行已初始化的 Vuser 和运行新 Vuser 选项。选择运行新 Vuser 选项，如图 7-31 所示。

这两个额外的 Vuser 被分配给 travel_agent 组且运行在 localhost Load Generator 上。"场景状态"窗格显示现在有 10 个正在运行的 Vuser。

注：可能会收到警告消息，指出 LoadRunner Controller 无法激活额外的 Vuser。这是由于用本地计算机作为 Load Generator 并且该计算机的内存资源非常有限。多数情况下，应该使用专用计算机作为 Load Generator 以避免此类问题。

图 7-31　增加负载

7.4.8　在负载下运行应用程序

在"场景状态"窗格中查看正在运行的场景的概要，然后深入了解是哪些 Vuser 操作导致应用程序出现问题。过多的失败事务和错误说明应用程序在负载下的运行情况没有达到原来的期望。

1. 查看测试状态

如图 7-32 和图 7-33 所示，"场景状态"窗格显示场景的整体状态。

2. 查看 Vuser 操作的详细信息

单击场景状态窗格中通过的事务，查看事务的详细信息列表，将打开如图 7-34 和图 7-35 所示的"事务"对话框。

图 7-32　场景状态 1

图 7-33　场景状态 2

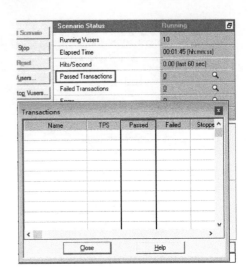

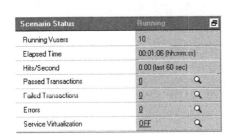

图 7-34　事务窗格　　　　　　　　图 7-35　事务详细信息

7.4.9　判断应用程序是否发生错误

如果应用程序在重负载下启动失败，可能是出现了错误和失败的事务，Controller 将在输出窗口中显示错误消息。

1. 检查所有错误消息

选择 View(视图)→Output(显示输出)命令，或者单击"场景状态"窗格中的错误，打开如图 7-36 所示的 Output(输出)对话框，列出消息文本、生成的消息总数、发生错误的 Vuser 以及发生错误的脚本。

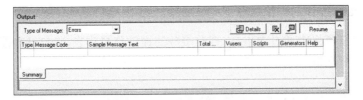

图 7-36　输出对话框

要查看消息的详细信息，请选择该消息并单击 Details(详细信息)按钮。将打开如图 7-37 所示的 Details(详细信息)文本框，显示完整的消息文本。将显示超时错误，如图 7-38 所示，Web 服务器没有在给定时间内响应请求。

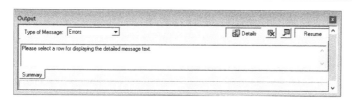

图 7-37　详细信息文本

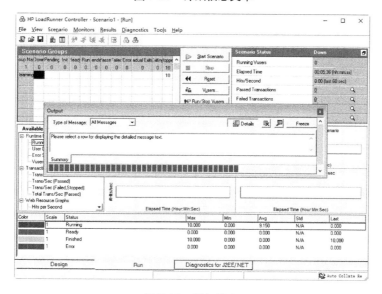

图 7-38　详细信息

2. 查看详细的日志信息

可以单击相应列中的蓝色链接，单击 Total 以查看与错误代码相关的每个消息、Vuser、脚本和 Load Generator。例如，要确定脚本中发生错误的位置，请向下搜索消息总数列中的详细信息。Output(输出)窗口显示所选错误代码的所有消息列表，包括时间、迭代次数和脚本中发生错误的行，如图 7-39 所示。

vuser_init.c(14): Error -2 basic_scrip vuser_init	14	2012-7-13 15:57:45	0	basic_script:1	localhost
vuser_init.c(14): Error -2 basic_scrip vuser_init	14	2012-7-13 15:57:45	0	basic_script:2	localhost
vuser_init.c(14): Error -2 basic_scrip vuser_init	14	2012-7-13 15:57:45	0	basic_script:9	localhost
vuser_init.c(14): Error -2 demo_scrip vuser_init	14	2012-7-13 15:57:45	0	basic_script:7	localhost
vuser_init.c(14): Error -2 basic_scrip vuser_init	14	2012-7-13 15:57:45	0	basic_script:8	localhost
vuser_init.c(14): Error -2 basic_scrip vuser_init	14	2012-7-13 15:57:46	0	basic_script:10	localhost
vuser_init.c(14): Error -2 basic_scrip vuser_init	14	2012-7-13 15:57:46	0	basic_script:15	localhost

图 7-39　"输出"窗口

向下搜索行号列。打开 VuGen，显示脚本中发生错误的行。可以使用这些信息找出响应速度比较慢的事务，它们导致应用程序在负载下运行失败。

7.4.10 判断测试是否完成运行

测试运行结束时，"场景状态"窗格将显示关闭状态。这表示 Vuser 已停止运行。可以在 Vuser 对话框中看到各个 Vuser 的状态。LoadRunner 将显示 Vuser 重复任务(迭代)的次数、成功迭代的次数以及已用时间，如图 7-40 和图 7-41 所示。

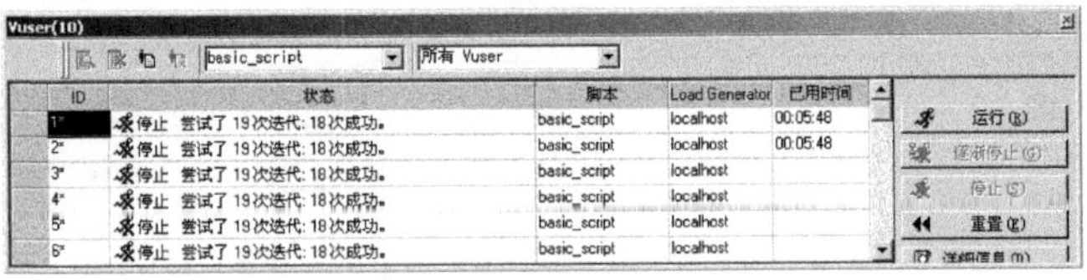

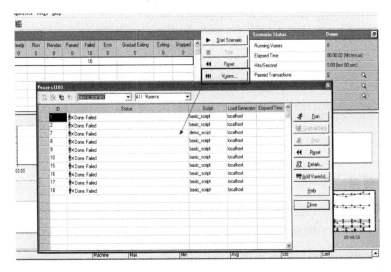

图 7-40 测试状态

图 7-41 显示已完成

7.4.11 判断应用程序在负载下是否正常运行

要了解应用程序在负载下的运行情况，需要查看事务响应时间并确定事务是否在客户可接受的范围内。如果事务响应时间延长，需要找出瓶颈。找出问题后，需要各方面(包括开发人员、DBA、网络以及其他系统专家)的共同努力来解决瓶颈问题。调整后，再次运行负载测试来确认所做的调整是否达到了预期效果。重复此循环以优化系统性能。要保存场景以便再次使用相同的设置运行，请选择 File(文件)→Save(保存)命令或单击保存按钮，然后在"文件名"框中输入场景名称。

7.5　面向目标的高级场景

前面介绍了如何手动创建和运行负载测试，本节将为测试定义一个要达到的目标。部署应用程序之前，要执行验收测试以确保系统能够承担预期的实际工作量。可以定义预期的服务器执行速度，例如每秒点击次数或每秒事务数。此速度可由定义应用程序要求的业务分析员确定，也可以从实际使用的应用程序先前版本或者其他来源获得。可以为想要生成的每秒点击次数、每秒事务数或者事务响应时间设置目标，LoadRunner 将使用面向目标的场景自动生成所需的目标。当应用程序在固定负载下运行时，可以监控事务响应时间，了解应用程序提供给客户的服务水平。本节将创建面向目标的场景，在使用 5～10 个 Vuser 的情况下，在 Web 服务器上每秒生成 3 次点击，并将这种负载级别保持 5 分钟。

7.5.1　目标类型

在面向目标的场景中，LoadRunner 提供五种不同类型的目标：希望场景实现的并发 Vuser 数、每秒点击次数、每秒事务数、每分钟页面数、事务响应时间。

- 如果知道可运行各种业务流程的 Vuser 总数，就可以使用 Vuser 目标类型。
- 如果知道服务器的承载能力，就可以使用每秒点击次数、每分钟页数或每秒事务数目标类型。
- 如果知道完成事务所需的响应时间，就可以使用事务响应时间目标类型。
- 如果希望用户在 5 秒钟内就能登录到电子商务网站，请将可接受的最长事务响应时间指定为 5 秒，并查看可以处理的实际 Vuser 数。

7.5.2　创建面向目标的场景

要使用各种用户档案文件模拟实际系统，可以将多个脚本分配给场景，并在这些脚本之间分配负载百分比。应根据期望的负载设置百分比。

(1) 创建新场景。选择 File→New 命令，或者是单击 New(新建)按钮，打开 New Scenario(新建场景)对话框，如图 7-42 所示。

(2) 选择场景类型为 Goal-Oriented Scenario(面向目标的场景)。

(3) 从可用脚本列表中选择 guohang，然后单击 Add 按钮。该脚本将显示在 Scripts in Scenario(场景中的脚本)窗格中。单击 OK 按钮，将打开 LoadRunner Controller 的 Design(设计)视图，在脚本名称列中显示 guohang。

图 7-42　新建场景

7.5.3　面向目标的场景

如图 7-43 所示，Controller 窗口(面向目标)的"设计"视图分为三个主要部分：

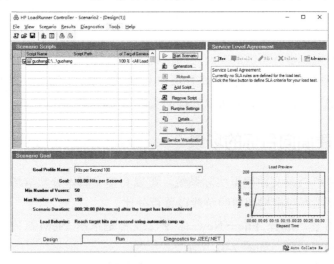

图 7-43　Controller 窗口的"设计"视图

(1) Scenario Scripts(场景脚本)窗格。在此窗格中，可以确定 Vuser 脚本、脚本路径、分配到每个脚本的总目标百分比以及 Load Generator。可以在此处配置场景。

(2) Service Level Agreement(服务水平协议)窗格。设计负载测试场景时，可以为性能指标定义目标值或服务水平协议 (SLA)。运行场景时，LoadRunner 收集并存储与性能相关的数据。分析运行情况时，Analysis 将这些数据与 SLA 进行比较，并为预先定义的测量指标确定 SLA 状态。

(3) Scenario Goal(场景目标)窗格。位于下部的窗格，可以在其中看到测试目标、达到该目标要使用的用户数、场景持续时间和加压方式。可以使用"编辑场景目标"对话框设置目标。

7.5.4 定义目标

选择了要运行的脚本之后，需要定义要达到的目标。本节将创建目标配置文件并定义场景目标。

(1) 如图 7-44 所示，选择 Scenario→Goal Definition 命令，打开如图 7-45 所示的 Edit Scenario Goal(编辑场景目标)对话框。

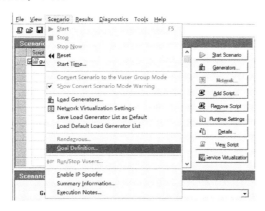

图 7-44　选择 Scenario→Goal Defination 命令

(2) 为目标配置文件指定逻辑名称。选择 New(新建)→Rename(重命名)命令，在"新建目标配置文件"对话框中输入新目标配置文件名(例如：Hits per Second 3)，单击 OK 按钮。选择器中将显示新目标配置文件名，如图 7-46 所示。

(3) 定义场景目标。

① 在 Goal Type(目标类型)下拉列表框中，选择每秒点击次数。

② 在 Reach goal of_hits per second(达到目标每秒点击次数)文本框中，输入 3。

③ 设置 LoadRunner 要运行的 Vuser 数目范围。

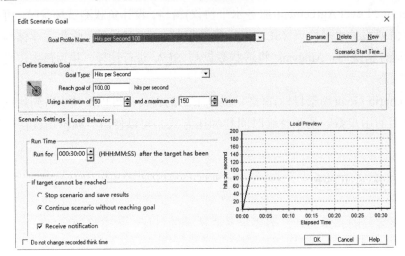

图 7-45　编辑场景目标

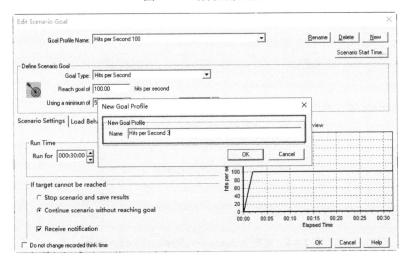

图 7-46　指定逻辑名称

输入 Vuser 数目的最小值 5 和最大值 10，它们必须与要在服务器上同时生成点击数目的最大值和最小值对应，如图 7-47 所示。

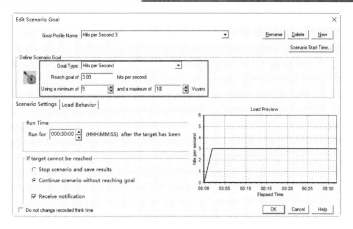

图 7-47 定义场景目标

7.5.5 确定加压方式

定义了测试目标之后，需要指定 Controller 实现目标的方式和时间。用户不会正好同时登录和退出系统。要模拟真实用户，可以使用 LoadRunner 在"加载行为"选项卡中提供的功能，让用户逐渐登录和退出系统。可能还希望服务器在负载状态下保持一段时间。利用 LoadRunner 的 Scenario Settings(场景设置)选项卡，可以指定服务器在负载状态下的持续时间。

(1) 将测试配置为同时运行 Vuser。在 Edit Scenario Goal(编辑场景目标)对话框中选择 Load Behavior(加载行为)选项卡，然后选择 Automatic(自动)，如图 7-48 所示。

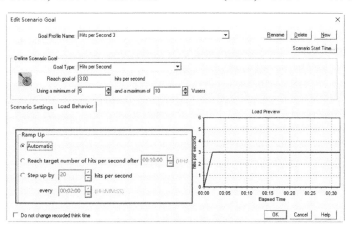

图 7-48 选择自动加压

这将指示 Controller 同时运行所需数目的 Vuser。

(2) 定义场景设置。在 Scenario Setting(场景设置)选项卡中，指定测试在达到目标后继续运行 5 分钟即可，并选择继续运行场景，无须达到目标，如图 7-49 所示。

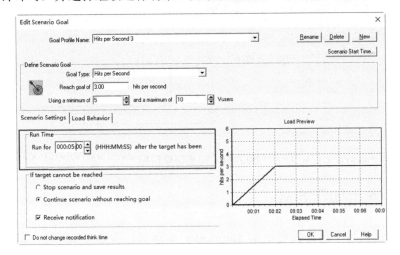

图 7-49　设置时间

在负载达到每秒 3 次的点击次数之后，Controller 再运行场景 5 分钟，并根据需要增加或减去一定数量的 Vuser，使实际测量值与既定目标的偏差不超过 6%。这样可以确保服务器能在此负载下坚持一定的时间。

(3) 在编辑场景目标对话框的左下角，确保不选中不更改录制思考时间。如果选择此选项，LoadRunner 将使用脚本中录制的思考时间运行场景。这样的话可能需要通过增加场景中的 Vuser 数来达到目标。

(4) 单击 OK 按钮，关闭 Edit Scenario Goal(编辑场景目标)对话框。Scenario Goal(场景目标)窗口中将显示输入的场景目标信息，如图 7-50 所示。

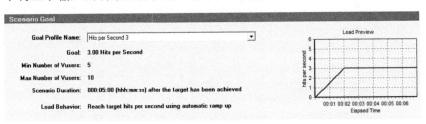

图 7-50　场景目标信息

7.5.6　运行面向目标的场景

配置了场景和目标设置之后，就可以考试测试并监控负载下的应用程序，本节将运行面向目标的场景并检查测试情况。

（1）打开 Controller 窗口中的 Run 选项卡，即选择屏幕底部的 Run(运行)选项卡。由于场景尚未运行，因此所有计数器都显示为零，并且所有图都是空白的，在下一步启动场景之后，图和计数器将开始显示信息，如图 7-51 所示。

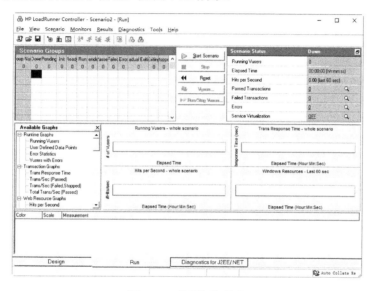

图 7-51　显示运行信息

（2）指定结果目录的名称。如图 7-52 所示，选择 Results→Results Settings 命令，打开如图 7-53 所示的 Set Results Directory(设置结果目录)对话框，然后为结果集输入唯一的名称。

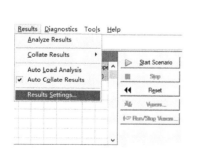

图 7-52　设置结果

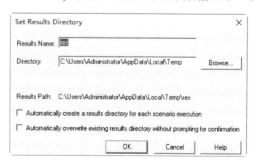

图 7-53　设置名称

(3) 开始场景。单击 Start Scenario(开始场景)按钮,Controller 将开始运行场景。将看到有 5 个 Vuser 开始初始化并开始运行,同时 LoadRunner 尝试按照要求每秒生成 3 次点击。在测试期间,Controller 自动启动和停止 Vuser 以实现既定目标。

(4) 查看联机图。

① 每秒点击次数图显示在每次场景运行过程中 Vuser 每秒向 Web 服务器提交的点击次数(Http 请求数),你将看到很快就达到了所需的负载级别,如图 7-54 所示。

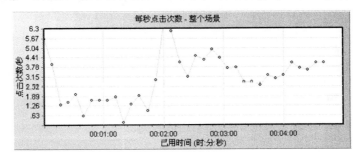

图 7-54 每秒点击次数

② 事务响应时间图会显示完成每个事务所花费的时间,观察事务响应时间以了解服务器在负载下对客户响应时间特别重要,如图 7-55 所示。

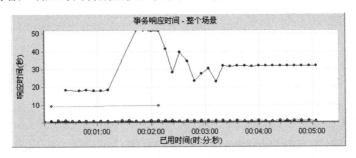

图 7-55 事务响应时间

③ 查看吞吐量图。你还可以通过在可用图树中选择吞吐量,并将其拖至图查看区域来查看吞吐量图。该图显示 Vuser 每秒从 Web 服务器接收的数据量,如图 7-56 所示。

④ Windows 资源图。你可以监控服务器的 Windows 资源使用率以了解处理器、磁盘或内存利用率问题。在测试期间进行监控可以帮助立即确定性能不佳的原因,如图 7-57 所示。

可以查看"Windows 资源"图例中的测量值列表,如图 7-58 所示。

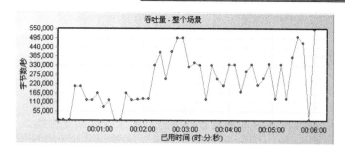

图 7-56 吞吐量

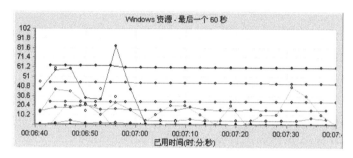

图 7-57 Windows 资源图

颜色	比例	度量	计算机	最大值	最小值	平均值	标准值	最后一个
	1	% Processor Time (Processor _Total)	localhost	14.323	4.167	6.461	2.947	4.167
	0.1	File Data Operations/sec (System)	localhost	127.677	0.333	28.639	37.554	41.352
	10	Processor Queue Length (System)	localhost	4.000	0.000	1.238	1.231	1.000
	0.01	Page Faults/sec (Memory)	localhost	2367.890	19.676	312.415	577.967	33.320
	100	% Disk Time (PhysicalDisk _Total)	localhost	0.147	0.003	0.030	0.035	0.097
	1E-6	Pool Nonpaged Bytes (Memory)	localhost	23875584.000	23867392.000	23868562.290	2240.927	23875584.000
	1	Pages/sec (Memory)	localhost	0.000	0.000	0.000	0.000	0.000
	0.1	Interrupts/sec (Processor _Total)	localhost	230.685	142.942	161.364	21.530	156.605
	0.1	Threads (Objects)	localhost	439.000	435.000	435.905	1.151	437.000

图 7-58 测量值列表

◯ 7.5.7 判断是否已经达到目标

本节目标是确保系统在预期的实际工作量下，向客户提供可接受的服务水平。要模拟此类条件，请在运行 5～10 个 Vuser 的情况下，将负载目标设置为在场景运行期间达到每秒 3 次的点击次数。在运行 5～10 个 Vuser 的情况下，如果在场景运行过程中的每 1 秒内，Vuser 向服务器提交的点击次数都是 3 次，那么就达到了预期目标。如果未达到每秒 3 次的点击次数目标，LoadRunner 将会显示一条消息，说明无法达到预期的目标。

由于许可证限制，最多运行 10 个 Vuser 的目标可能无法达到。

运行测试后，保存场景设置以供将来使用。要保存场景，请选择 File(文件)→Save(保存) 或单击保存按钮，然后在 Save Scenario(保存场景)对话框 my_goalbox 中输入场景名称。

7.6 分析场景

前面已介绍了如何设计场景、执行场景以及如何控制场景的执行。在服务器上施加负载后,需要分析运行情况,并确定需要解决哪些问题来提高系统性能。

在 Analysis 会话过程中生成的图和报告提供了有关场景性能的重要信息。使用这些图和报告,可以找出并确定应用程序的性能瓶颈,同时确定需要对系统进行哪些改进以提高其性能。

7.6.1 Analysis 会话

Analysis 会话的目的是查找系统的性能问题,然后找出这些问题的根源,例如:

- 是否达到了预期的测试目标?在负载下,对用户终端的事务响应时间是多少?
- 是符合 SLA 还是偏离了目标?事务的平均响应时间是多少?
- 系统的哪些部分导致了性能下降?网络和服务器的响应时间是多少?
- 通过将事务时间与后端监控器矩阵表关联在一起,能否找出可能的原因?

下面将介绍如何打开 LoadRunner Analysis 以及生成和查看图和报告,这将有助于发现性能问题并查明问题的根源。帮助文档如图 7-59 所示。

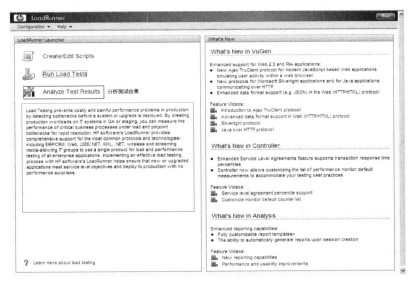

图 7-59 分析测试结果

7.6.2 启动 Analysis 会话

(1) 双击桌面图标，打开 HP LoadRunner Analysis 窗口，如图 7-60 所示。

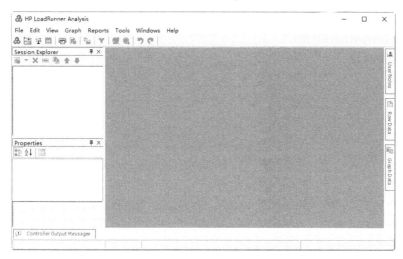

图 7-60 HP LoadRunner Analysis 窗口

(2) 打开 Analysis 会话文件。在 HP LoadRunner Analysis 窗口中，选择 File→Open 命令，将打开 Open Existing Analysis Session(打开现有分析会话文件)对话框。

(3) 在...\guohang 文件夹中，选择并单击打开 result_export，如图 7-61 所示。

图 7-61 打开会话文件

Analysis 将在 Analysis 窗口中打开该会话文件。

7.6.3 Analysis 窗口一览

如图 7-62 所示，Analysis 窗口主要包含以下几个部分：

- 会话浏览器(Session Explorer)。
- 属性(Properties)窗格。
- 图查看区域。
- 图例。

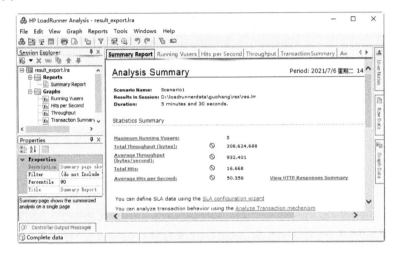

图 7-62 分析窗口

说明如下：

(1) Session Explorer(会话浏览器)窗格。位于左上方的窗格，Analysis 在其中显示已经打开可供查看的报告和图。可以在此处显示打开 Analysis 时未显示的新报告或图，或者删除自己不想再查看的报告或图。

(2) Properties(属性)窗格。位于左下方的窗格，属性窗口在其中显示在会话浏览器中选择的图或报告的详细信息。黑色字段是可编辑字段。

(3) 图查看区域。位于右上方的窗格，Analysis 在其中显示图。默认情况下，打开会话时，概要报告将显示在此区域。

(4) 图例。位于右下方的窗格，在此窗格内，可以查看所选图中的数据。

(5) 备注：有几个可以从工具栏访问的其他窗口，它们提供附加信息。这些窗口可以在屏幕上随意拖放，如图 7-63 所示。

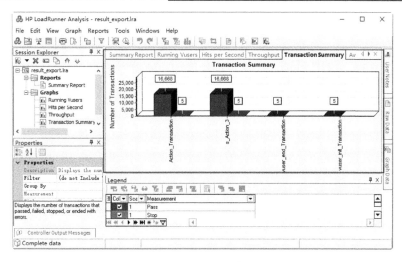

图 7-63　可拖放窗口

7.6.4　服务水平协议

服务水平协议(SLA)是为负载测试定义的具体目标，Analysis 将这些目标与 LoadRunner12 在运行过程中收集和存储的性能相关的数据进行比较，然后确定目标的 SLA 状态(通过或者失败)。例如：可以定义具体的目标或者阈值，用于评测脚本中任意数量事务的平均响应时间。

测试运行结束之后，LoadRunner12 将定义的目标与实际录制平均事务响应时间进行比较，Analysis 显示每个所定义 SLA 的状态(通过或失败)。例如：如果实际的事务响应时间没有超过定义的阈值，SLA 的状态将为通过。

作为目标定义的一部分，可以指示 SLA 将负载条件考虑在内，这意味着可接受的阈值将根据负载级别(例如：运行的 Vuser 数、吞吐量等)而有所改变。随着负载的增加，你可以允许更大的阈值。

根据定义的目标，LoadRunner12 将以下列某种方式来确定 SLA 的状态。

- 通过时间线中的时间间隔确定 SLA 的状态。在运行过程中，Analysis 按照时间线上预设的时间间隔(例如：每 5 秒钟)显示 SLA 的状态。
- 通过整个运行确定 SLA 的状态。Analysis 为整个场景运行显示一个 SLA 状态，可以在 Controller 中运行场景之前定义 SLA，也可以稍后在 Analysis 中定义 SLA。

下一节将使用我们的 HP Web Tours 示例定义 SLA。假设 HP Web Tours 的管理员想要了解 book_flight 和 search_flight 事务的平均响应时间何时会超过既定值。为此，请选择相应事务，然后设置阈值。这些阈值是可接受的平均事务响应时间最大值。

在设置这些阈值时，要将具体的负载条件考虑在内；在本例中为正在运行的 Vuser 数。换句话说就是，随着正在运行的 Vuser 数目的增加，阈值将增大。

原因是尽管 HP Web Tours 管理员希望平均事务响应时间尽可能短，但我们都知道每年的一些特别时候可以合理地假定 HP Web Tours 网站的负载比其他时候高。

例如，在旅游旺季，会有更多的旅行社登录到网站来预订机票、查看航班路线，等等。在这种合理的重负载情况下，可以接受稍长的平均事务响应时间。将设置 SLA，将三种负载情况都考虑在内：轻负载、平均负载和重负载。每个场景将有各自的阈值。

7.6.5　定义 SLA

运行场景后，将在 Analysis 窗口中定义 SLA。最好是在 Controller 中运行场景之前定义 SLA，由于没有分析前面课程中运行的测试场景，将在 Analysis 中定义 SLA。

现在将定义 SLA，对于示例会话文件中的 Action_Transaction 和 s_Action_3 事务，SLA 将为平均事务响应时间设置具体的目标。运行过程中，将按设定的时间间隔计算平均事务响应时间。

(1) 打开 SLA 配置向导。选择 Tools→Configure SLA Rules 命令，打开如图 7-64 所示的 Service Level Agreement(服务水平协议)对话框，单击 New 按钮打开向导，如图 7-65 所示。

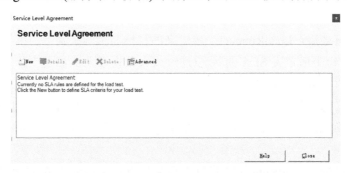

图 7-64　Service Level Agreement(服务水平协议)对话框

(2) 为目标选择度量。初次打开 SLA 向导时，将显示欢迎使用界面，如果不希望下次运行该向导时显示该界面，请选中 Skip this page next time(下次跳过该界面)复选框。单击 Next 按钮，弹出如图 7-66 所示的选择度量界面。在选择度量界面中选择事务响应时间：平均值(Average)。

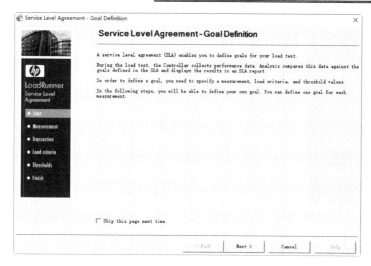

图 7-65   SLA 规则向导

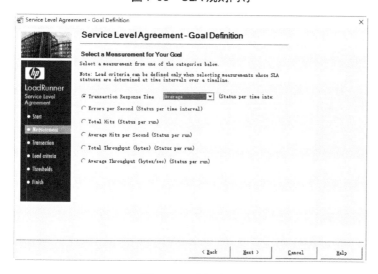

图 7-66   选择度量

　　(3) 选择事务进行监控。单击 Next 按钮，进入事务监控界面，如图 7-67 所示。在选择事务界面，可以从可用事务列表(脚本中的所有事务列表)中选择要监控的事务。双击 Action_Transaction 和 s_Action_3 事务将其选中，如图 7-68 所示。

　　(4) 设置加载条件。单击 Next 按钮，在设置加载条件页面可以指示 SLA 将不同的加载条件考虑在内。从加载条件下拉列表中，选择正在运行的 Vuser 数，并将加载值设置为如图 7-69 所示。

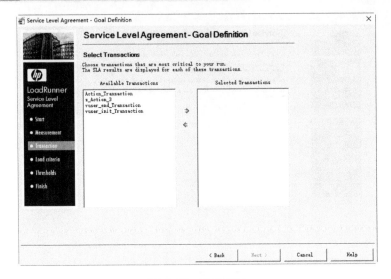

图 7-67　监控事务

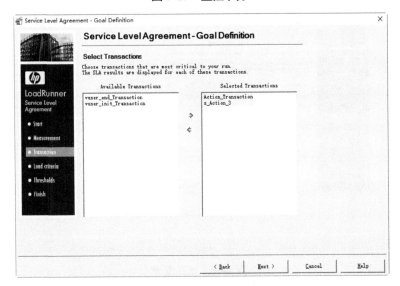

图 7-68　选中监控事务

可以设置 SLA 来确定在三种潜在负载条件下可接受的平均事务响应时间。

- 轻负载，有 0~19 个 Vuser。

- 平均负载，有 20~49 个 Vuser。

- 重负载，超过 50 个 Vuser。

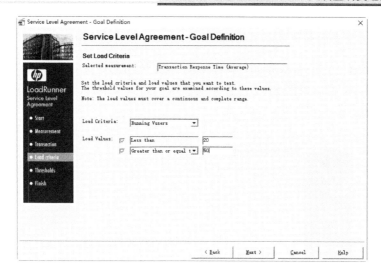

图 7-69　设置加载

（5）设置阈值。单击 Next 按钮，在设置阈值界面，你将为 Action_Transaction 和 s_Action_3 定义可接受的平均事务响应时间。将阈值设置为如图 7-70 所示。

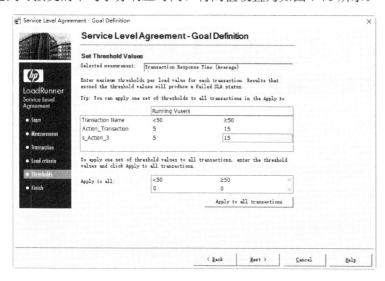

图 7-70　设置阈值

事务可接受的平均事务响应时间如下：

● 轻负载，5 秒以内。

● 重负载，15 秒以内。

> 备注：所选事务的阈值可以不相同，可以为每个事务分配不同的值。

(6) 保存 SLA。单击 Next 按钮，弹出如图 7-71 所示的定义完成界面，要保存 SLA 并关闭向导，Analysis 窗口将把 SLA 设置应用于默认的概要报告，然后更新报告以包含所有相关的 SLA 信息。

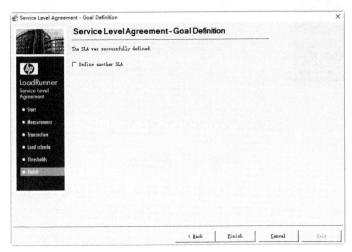

图 7-71　定义完成界面

7.6.6　查看性能概要

Summary Report(概要报告)选项卡显示关于场景运行情况的常规信息和统计信息，另外还提供所有相关的 SLA 信息。例如，按照所定义的 SLA，执行情况最差的事务是哪些，如何按照设定的时间间隔执行特定的事务以及整体 SLA 状态。可以从会话浏览器打开概要报告。

1. 场景的总体统计信息

如图 7-72 所示，在"统计信息概要表部分"，可以看到这次测试最多运行了 5 个 Vuser，另外此处还记录了其他统计信息(例如：总吞吐量/平均吞吐量以及总点击数/平均点击数)供你参考。

2. 执行情况最差的事务

可以看到 book_flight 事务的持续时间相对于 SLA 阈值超出了 39.68%。整个运行期间，它超出 SLA 阈值的平均百分比为 43.71%，如图 7-73 所示。

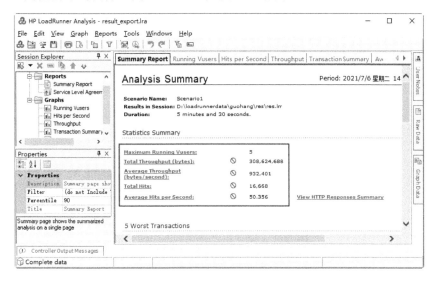

图 7-72　场景的总体统计信息

5 Worst Transactions

事务名	截断比率 [%] (超过时间/事务持续时间)	截断值 [%] (响应时间/SLA)
-　book_flight	28.571	29.07
时间间隔	平均超过比率	最大超过比率
00:01:05-00:01:20	36.08	85.47
00:01:25-00:01:30	20.93	20.93
00:01:35-00:01:45	49.23	67.44
00:01:50-00:02:00	10.79	18.76
00:02:05-00:02:15	20.59	23.82
00:02:20-00:02:25	46.54	46.54
00:02:30-00:02:50	17.35	24.17
00:03:05-00:03:15	51.84	82.36
00:03:35-00:03:50	47.74	81.19
00:04:00-00:04:05	2.19	2.19
00:05:40-00:05:45	46.05	46.05
00:06:25-00:06:35	9.9	16.03
00:07:00-00:07:05	33.59	33.59
00:07:20-00:07:50	25.53	72.3
00:08:20-00:08:25	11.46	11.46
00:08:40-00:08:45	8.87	8.87
00:09:15-00:09:30	39.39	80.67

分析事务

图 7-73　执行情况最差事务

3. 超出 SLA 阈值的时间间隔

"随时间变化的场景行为"部分显示不同的时间间隔内各个事务的执行情况。绿色方

块表示事务在 SLA 阈值范围内执行的时间间隔，红色方块表示事务失败的时间间隔，灰色
方块表示尚未定义相关的 SLA，如图 7-74 所示。

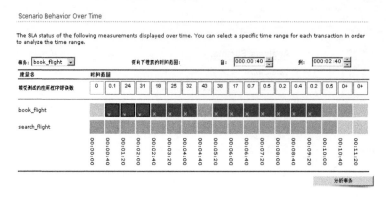

图 7-74　超出 SLA 阈值的时间间隔

可以看到两个定义了 SLA 的事务，在所有评测的时间间隔内 search_flight 都在阈值
范围内，但是在某些时间间隔内 book_flight 超出了阈值。

4. 事务的整体性能

事务摘要列出了每个事务的具体情况，如图 7-75 所示。

Transaction Summary

Transactions: Total Passed: 1,100 Total Failed: 3,112 Total Stopped: 0　　Average Response Time

Transaction Name	SLA Status	Minimum	Average	Maximum	Std. Deviation	90 Percent	Pass	Fail	Stop
Action Transaction		78.016	139.18	252.471	28.215	89.081	144	3,081	0
book_flight		5.375	11.399	17.541	3.015	2.666	175	0	0
check_itinerary		3.295	32.826	119.258	26.407	65.754	147	28	0
logoff		0.406	1.005	12.909	1.146	1.67	144	3	0
logon		0.444	3.934	9.864	2.161	6.777	175	0	0
search_flight		0.464	4.915	11.17	2.365	7.966	175	0	0
vuser_end_Transaction		0	0	0	0	0	70	0	0
vuser_init_Transaction		0	0.013	0.077	0.024	0.059	70	0	0

Service Level Agreement Legend:　　Pass　　Fail　　No Data

HTTP Responses Summary

HTTP Responses	Total	Per second
HTTP_200	8,789	12.241

图 7-75　事务的整体性能

查看每个事务的响应时间。值为 90% 的列表示响应时间占事务执行时间的 90%。可

以看到在测试运行期间执行的 Action_Transaction 事务的 90% 的响应时间为 65.754 秒。这是其平均响应时间 32.826 秒的 2 倍，这意味着此事务发生时响应时间通常很长。

也可以看到该事务已失败了 28 次。

注意：SLA 状态列如何显示相关的 SLA 整体状态——book_flight 的状态是失败，search flight 的状态是通过。

7.6.7　以图形方式查看性能

可以从 Session Explorer(会话浏览器)窗格访问可用图。现在将查看并分析平均事务响应时间图。

1. 打开平均事务响应时间图

在图下方的会话浏览器上，选择平均事务响应时间，平均事务响应时间图将在图查看区域打开，如图 7-76 所示。

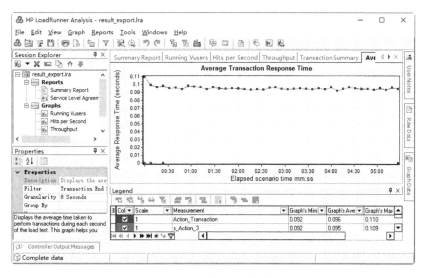

图 7-76　平均事务响应时间图

2. 分析结果

注意 Action_Transaction 事务的平均响应时间波动不大。在运行状况良好的服务器上，事务的平均响应时间相对稳定。

7.6.8 判断服务器的性能是否稳定

在前面部分，已经看到了服务器性能的不稳定性。现在将分析 70 个正运行的 Vuser 对系统性能的影响。

下面研究 Vuser 的行为。

(1) 如图 7-77 所示，在图树中单击运行 Vuser。

图 7-77 运行 Vuser

(2) 将在图查看区域打开运行 Vuser 图，如图 7-78 所示，可以看到，在场景开始运行后，Vuser 逐渐开始运行，然后 70 个 Vuser 同时运行 3 分钟，接着 Vuser 又开始逐渐开始停止运行。筛选该图，仅查看所有 Vuser 同时运行的那个时间段。

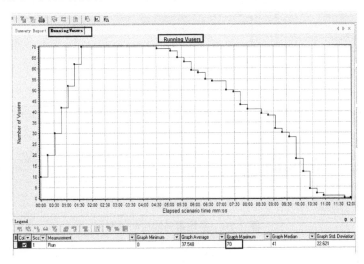

图 7-78 运行图

(3) 筛选图之后，显示的图数据范围将缩小，仅显示符合指定条件的数据，所有其他数据隐藏。

（4）右击该图并在弹出的快捷菜单中选择 Set Filter→Group by(设置筛选器/分组方式)
命令，或者单击工具栏中的设置筛选器/分组方式图标，打开如图 7-79 所示的 Graph Settings
对话框。

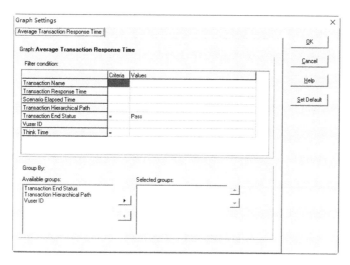

图 7-79　图形设置

（5）在筛选条件区域，选择场景已用时间行的值列。单击向下箭头，弹出 Scenario
Elapsed Time 对话框，选择从 000:01:30(小时:分钟:秒)到 000:03:45 (小时:分钟:秒)的时间范
围。单击 OK 按钮完成设置，如图 7-80 所示。

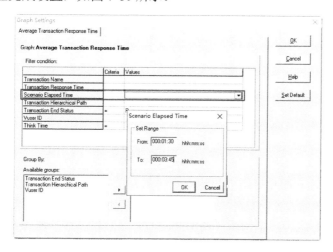

图 7-80　设置时间周期

(6) 运行 Vuser 图，现在仅显示场景运行后 1:30(分钟:秒)到 3:45(分钟:秒)之间运行的
Vuser，所有其他 Vuser 已全被筛选出去，如图 7-81 所示。

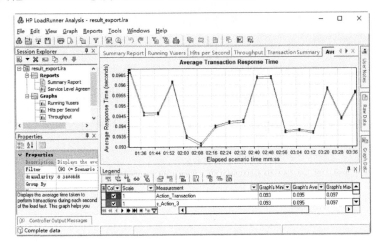

图 7-81　筛选结果

备注：要清除筛选器，请右击该图并在弹出的快捷菜单中选择 Clear Filter/Group By(清
除筛选器/分组)命令，或者单击工具栏中的清除筛选器/分组方式按钮，如图 7-82 所示。

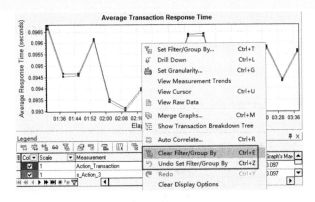

图 7-82　清除筛选器

(7) 将运行 Vuser 图和平均事务响应时间图关联在一起来比较数据。将两个图关联起
来，就会看到一个图的数据对另外一个图的数据产生的影响，这称为关联两个图。

例如，可以将运行 Vuser 图与平均事务响应时间图相关联，查看大量 Vuser 对事务平
均响应时间产生的影响。

右击运行 Vuser 图并在弹出的快捷菜单中选择 Clear Filter/Group By(清除筛选器/分组)

命令。如图 7-83 所示，右击该图并在弹出的快捷菜单中选择 Merge Graphs(合并图)命令，在选择要合并的图列表中，选择平均事务响应时间。在 Select type of merge(选择合并类型)区域中，选择 Correlate(关联)，如图 7-84 所示。然后单击 OK 按钮。

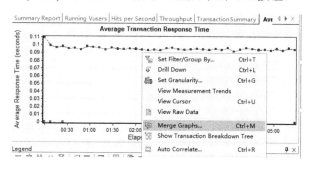

图 7-83　选择合并图

现在，运行 Vuser 图和平均事务响应时间图在图查看区域中表示为一个图，即运行 Vuser - 平均事务响应时间图，如图 7-85 所示。

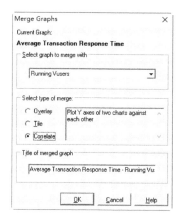

图 7-84　选择关联　　　　　图 7-85　运行 Vuser - 平均事务响应时间图

(8)　分析关联后的图。在以上图中可以看到随着 Vuser 数目的增加，Action_Transaction 事务的平均响应时间也在逐渐延长。换句话说就是，随着负载的增加，平均响应时间也在平稳地增加。运行 64 个 Vuser 时，平均响应时间会突然急剧拉长。我们称之为测试弄崩了服务器。同时运行的 Vuser 超过 64 个时，响应时间会明显开始变长。

(9)　保存模板。目前为止已经筛选了一个图并关联了两个图。下次分析场景时，可能需要使用相同的筛选器和合并条件来查看这些图。可以将合并设置和筛选器设置保存为模板，并在其他 Analysis 会话中使用。

要保存模板，执行以下操作：

① 选择 Tool→Template 命令，打开如图 7-86 所示的 Apply/Edit Template(应用/编辑模板)对话框。

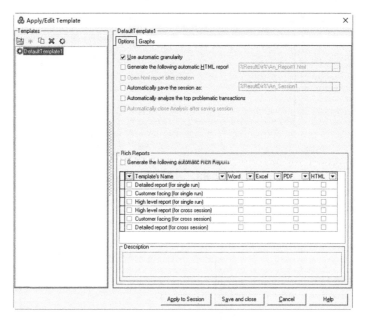

图 7-86　应用/编辑模板

② 单击 New(新建)按钮，将打开如图 7-87 所示的 Add new template(添加新模板)对话框。

③ 为模板输入适当的名称并单击 OK 按钮。

④ 单击 OK 按钮关闭 Apply/Edit Template(应用/编辑模板)对话框。

图 7-87　添加新模板

7.6.9　确定问题根源

到目前为止，已经看到了增加服务器的负载将对 Action_Transaction 事务的平均响应时间产生负面影响。可以进一步查看 Action_Transaction 事务的详细信息，了解对系统性能产生负面影响的系统资源。

自动关联工具能够合并所有包含某些数据(这些数据会对 Action_Transaction 事务的响应时间产生影响)的图，并找出问题的原因。

(1) 在图树中，选择"平均事务响应时间"图，如图 7-88 所示。

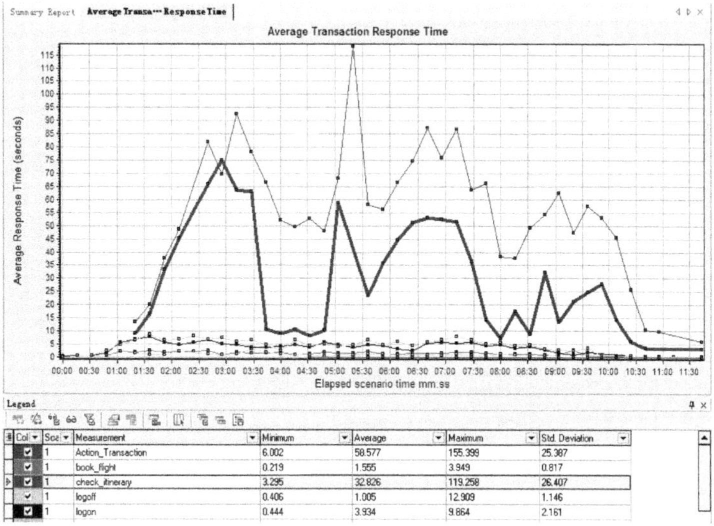

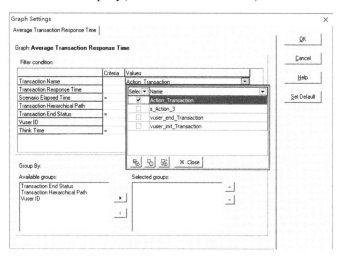

图 7-88　平均事务响应时间

(2) 查看 Action_Transaction 事务，尤其是该事务在已用时间(1 分钟到 4 分钟之间)内的情况。平均响应时间几乎是立即开始延长，然后在接近 3 分钟时达到峰值。

(3) 筛选平均事务响应时间图以便仅显示 Action_Transaction 事务。右击该图并在弹出的快捷菜单中选择 Set Filter/Group By(设置筛选器/分组方式)命令，如图 7-89 所示。

图 7-89　图形设置

(4) 在事务名值列中选择 Action_Transaction，单击 OK 按钮。筛选后的图将仅显示 Action_Transaction 事务并隐藏所有其他事务，如图 7-90 所示。

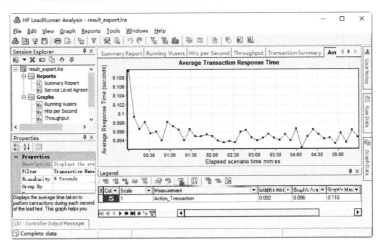

图 7-90　平均事务响应时间

(5) 右击该图，在弹出的快捷菜单中选择 Auto Correlate(自动关联)命令，打开 Auto Correlate(自动关联)对话框，如图 7-91 所示。

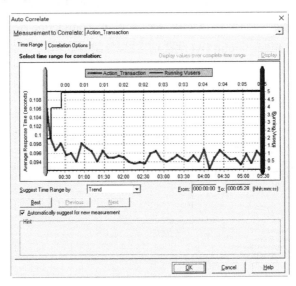

图 7-91　自动关联

在 Auto Correlate(自动关联)对话框中，确保要关联的度量是 Action_Transaction，通过在文本框中输入时间或者沿着已用场景时间轴将绿色和红色的杆拖至相应的位置，将时间范围设置为从 1:20 至 3:40 (分钟:秒)，单击 OK 按钮。

(6) 自动关联的图将在图查看区域打开，Action_Transaction 事务将突出显示，如图 7-92 所示。

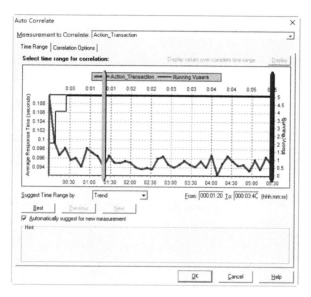

图 7-92 自动关联图

自动关联的图将用默认的名称命名：自动关联的图+[数字]。

(7) 重命名该图。在图树中，右键单击自动关联的图 [数字] 图，然后选择重命名图。这样就可以编辑图名。

7.6.10 收集场景运行信息

除了在 Analysis 会话启动时出现在图树中的图，还可以通过显示其他的图来获得有关场景运行情况的其他信息。

单击工具栏中的添加新图按钮，或者选择 Graph→Add New Graph 命令。这时将打开新图对话框，并列出包含数据且可显示的图的类别，如图 7-93 所示。

图 7-93 打开新图

分析以下项目：

- Vuser。显示有关 Vuser 及其状态的信息。
- 错误。显示错误统计信息。
- 事务。显示有关事务及其响应时间的数据。
- Web 资源。显示点击次数、吞吐量和连接数据。
- Web 页面诊断信息图显示脚本中每个受监控 Web 页面的数据。
- 系统资源图将显示系统资源使用情况数据。
- 在打开新图对话框中，单击类别旁边的 + 展开该类别。

选择一个图，然后单击打开图。单击关闭，关闭打开新图对话框。现在可以打开更多图，了解有关场景运行情况的更多信息。

7.6.11　发布结果

可以使用 HTML 报告或 Microsoft Word 报告发布分析结果。报告使用设计者模板创建，并且包括所提供图和数据的解释和图例。

1. HTML 报告

HTML 报告在任何浏览器中都能打开和查看。

要创建 HTML 报告，执行以下步骤：

选择 Reports→HTML Report，弹出如图 7-94 所示的窗口。为报告选择文件名和保存路径，单击"保存"按钮。

图 7-94　创建 HTML 报告

Analysis 将创建报告并将其显示在 Web 浏览器中。注意 HTML 报告的布局与 Analysis 会话的布局十分相似。可以单击左窗格中的链接来查看各个图。页面底部提供关于每幅图的描述。

在报告存储路径，打开该 HTML 报告和 Analysis 的布局十分相似。

2. Microsoft Word 报告

可以通过 Microsoft Word 报告显示 Analysis 会话。与 HTML 报告相比，Word 报告的内容更全面，因为它可以包含有关场景、度量描述等的常规信息。通过设置报告格式，还可以让它包含贵公司的名称和徽标以及作者的详细信息。与所有 Microsoft Word 文件一样，该报告也可以编辑，因此可以在生成报告后继续添加注释和结果。

选择 Reports→New Report 命令，弹出如图 7-95 所示的对话框。

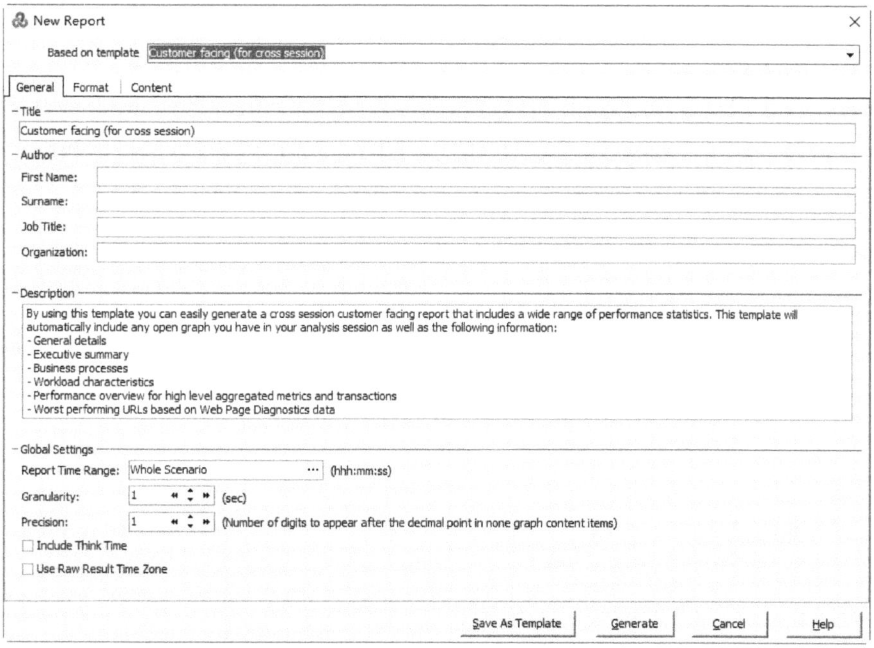

图 7-95　New Report(新建报告)对话框

其中，General(常规)选项卡中的选项如下：

- 在 Based on template(基于模板)下拉列表中选择详细报告(适用于单个运行)。
- 为报告输入标题。
- 输入作者的名字、职务以及公司名。

Format(格式)选项卡中的选项如下：

● 默认情况下，生成的报告将有标题页、目录、图详细信息和描述以及度量描述。可以选择向报告添加脚本详细信息的选项，从而可以查看业务流程步骤的缩略图。

● 可以通过选择包含公司徽标并浏览到文件所在的位置来包含公司徽标。徽标必须是 .bmp 文件。

Content(内容)选项卡中的选项如下。

● 目标：该测试场景的目标是……

● 结论：所得出的结论如下所示。

> 指定要包含在报告中的图。默认情况下，将会列出并选中会话中的所有图，并且报告中将包含图注释。

> 可以指定项目在报告中的显示顺序。在工作负载特性项目中，从所选择列表中选择平均每秒的点击次数。单击向下箭头直到项目出现在总事务数之下。在报告中，平均每秒的点击次数项目将跟随在总事务数项目之后。

> 收集数据并以 Word 文件的格式创建报告，该报告将在 Microsoft Word 中打开。除了 Analysis 会话期间生成的图，该报告还将包括目标和结论，以及在生成报告时选择要包含的其他部分和图。

第 8 章

学习系统性能测试案例

　　基于以上关于软件性能测试基础知识及 LoadRunner 软件的学习，本章我们按照标准的测试流程，以学习系统性能测试为例，分不同场景进行实战练习。

8.1　测试目的

　　学习通公共服务为多个业务提供服务支撑，为确保能够提供稳定的服务，进行压力测试获取当前服务状态的并发能力。

　　测试的内容包括阅读排行性能接口、获取共享笔记、加入小组、获取小组成员、获取话题详情、获取小组详情、获取用户信息、获取最新笔记、获取置顶话题列表、获取笔记回复列表、获取话题回复列表、获取笔记打赏人、获取话题打赏人等内容。

8.2　测试场景

　　vusers：start 阶段均为 4 秒加载 1 个 vuser；stop 阶段均为 10 秒停止 10 个 vusers；场景持续运行 10min。

- 获取共享笔记(getOpenedNote)接口 uid、cid 参数化数据量为 1W，参数取值方式为随机取值。
- 加入的小组(myJoinCircles4)接口 uid、参数化数据量为 1W，参数取值方式为随机取值。
- 小组成员(circleMems)接口 uid、circleId 参数化数据量为 1W，参数取值方式为随机取值。
- 获取话题详情(getTopic)接口 uid、topicId 参数化数据量为 1W，参数取值方式为随机取值。
- 获取小组详情(getCircle)接口 uid、circleId 参数化数据量为 1W，参数取值方式为随机取值。
- 获取用户信息(getUser)接口 myuid、uid 参数化数据量为 1W，参数取值方式为随机取值。
- 获取最新笔记(getNewestNote)接口 uid、参数化数据量为 1W，参数取值方式为随机取值，笔记类型 type 为 2(好友笔记)。
- 获取话题列表(getTopicList)接口 uid、circleId 参数化数据量为 1W，参数取值方式为随机取值。
- 获取置顶话题列表(getTopTopicList)接口 uid、circleId 参数化数据量为 1W，参数取值方式为随机取值。根据实际业务场景考虑，部分参数返回结果为空，该组不存在置顶话题。

- 获取笔记回复信息(getCommonReplys)接口 uid、relationId 参数化数据量为 1W，参数取值方式为随机取值。
- 获取话题回复信息(getReplys)接口 uid、topicId 参数化数据量为 1W，参数取值方式为随机取值。根据实际业务场景考虑，部分参数返回结果为空，该话题不存在回复数据。
- 获取笔记打赏人(getRewardUserList)接口 uid、sid 参数化数据量为 1W，sid 为笔记 id，参数取值方式为随机取值。根据实际业务场景考虑，部分参数返回结果为空，该笔记不存在被打赏记录。
- 获取话题打赏人(getRewardUserList)接口 uid、sid 参数化数据量为 1W，sid 为话题 id，参数取值方式为随机取值。根据实际业务场景考虑，部分参数返回结果为空，该话题不存在被打赏记录。

以下测试过程以阅读排行性能接口为例进行介绍。

8.3　测试过程

8.3.1　建立脚本

(1) 单击桌面上的 Virtual User Generator 图标，启动 LoadRunnerVugen，如图 8-1 所示。

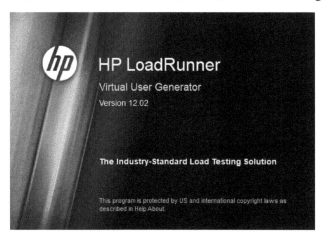

图 8-1　启动 LoadRunnerVugen

(2) 弹出如图 8-2 所示的 HP Virtual User Generator 开始界面，选择 File→New 命令，弹出如图 8-3 所示的 Create a New Script 对话框，在其中选择 Web-HTTP/HTML 测试方式。

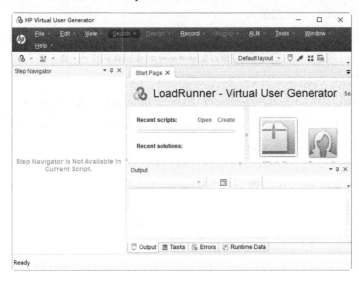

图 8-2　HP Virtual User Generator 开始界面

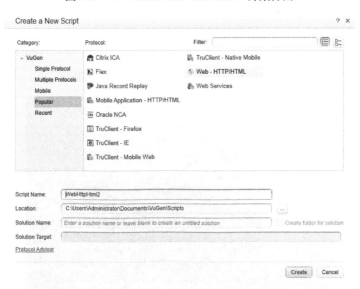

图 8-3　选择 Web-HTTP/HTML 测试方式

(3) 单击 Create(创建)按钮，弹出如图 8-4 所示的录制脚本界面。

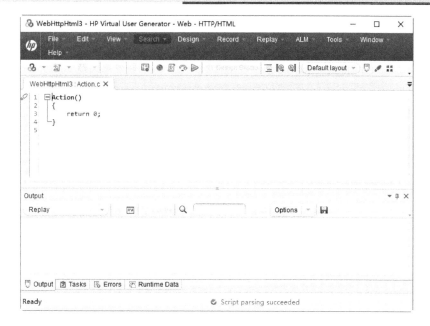

图 8-4　录制脚本界面

(4)　编辑 Action 脚本(见图 8-5)，如下：

```
Action()
{
        web_url("s",
    "URL=http://learn.chaoxing.com/apis/friend/getFriendsReadRank?tid=25841
329&puid={puid}&eStatBy=total&rankType=friends&page=1&pageSize=25",
        "TargetFrame=",
        "Resource=0",
        "RecContentType=text/html;charset=utf-8",
        "Referer=",
        "Mode=HTML",
        LAST);
        return 0;
}
```

(5)　设置可变参数{puid}，读取内容，右击，从弹出的快捷菜单中选择 Replace with Parameter→Create New Parameter 命令，如图 8-6 所示。

(6)　如图 8-7 所示，在弹出的 Select or Create Parameter 对话框中，单击 Properties 按钮，弹出如图 8-8 所示的 Parameter Properties 对话框。

(7)　录入可选参数，一行一个，可通过文本文件进行编辑后在此处选择加载。单击 Browse 按钮，打开如图 8-9 所示的界面，选择事先编辑好的 puid.dat 文件，导入后如图 8-10

所示。关闭属性设置界面，保存脚本。

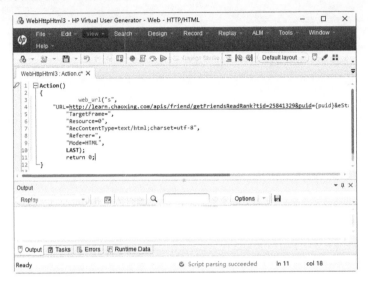

图 8-5　编辑 Action 脚本

图 8-6　选择 Create New Parameter 命令

图 8-7　单击 Properties 按钮

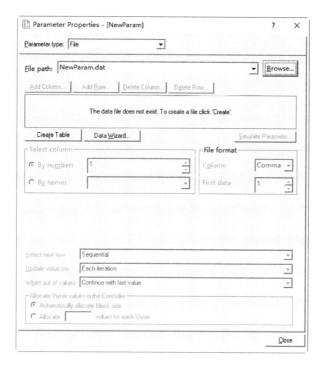

图 8-8　Parameter Properties 对话框

图 8-9　选择 puid.dat 文件

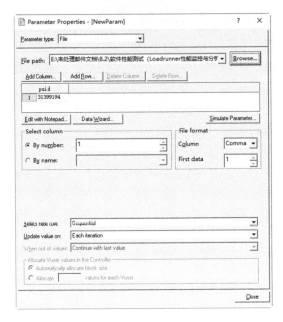

图 8-10　导入 puid.dat 文件

8.3.2　测试设计

(1)　进入测试设计界面，选择 Tools→Create Controller Scenario 命令，创建控制场景，如图 8-11 所示。

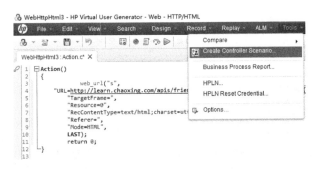

图 8-11　选择 Create Controller Scenario 命令

(2)　本次测试选择手动场景，虚拟用户数量设置为 5 个(可根据实际情况调整)，设置负载生成器 IP 地址，同时设置本机地址，如图 8-12 所示。

(3)　单击 OK 按钮，出现如图 8-13 所示的创建过程界面。

图 8-12　设置手动测试场景

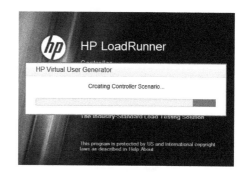

图 8-13　创建过程界面

(4) 创建结束，弹出如图 8-14 所示的场景设计界面。

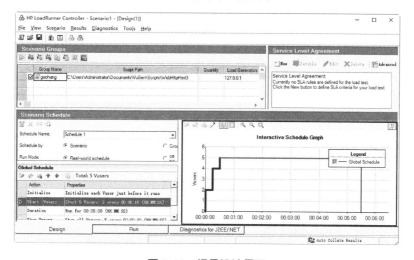

图 8-14　场景设计界面

框内为主要配置的地方：

- 上面 tools 部分是启动测试，虚拟用户状态，虚拟用户管理。
- Global Schedule 部分，设置启动虚拟用户的延迟时间和个数，测试持续时间。

8.3.3　测试结果

(1) 如图 8-15 所示，定义 Transactions，选中脚本后，单击 Details 按钮，在弹出的如图 8-16 所示的 Group Information 对话框中单击 Run time Settings 按钮，再在弹出的如图 8-17 所示的界面选择 Miscellaneous，并设置 Automatic Transactions 部分的内容。

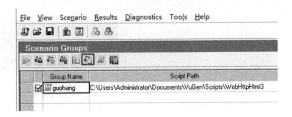

图 8-15　单击信息查看按钮

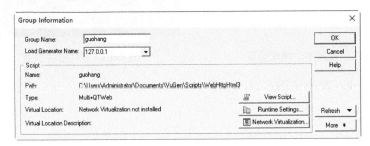

图 8-16　Group Information 对话框

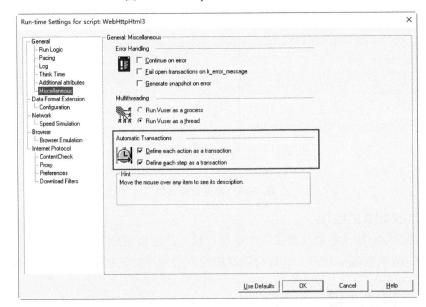

图 8-17　设置 Automatic Transactions 部分的内容

(2) 启动测试加负载，选择需要的监控数据图，如图 8-18 所示。

(3) 如图 8-19 所示，选择 Results→Analyze Results 命令，生成结果报告，如图 8-20 所示。

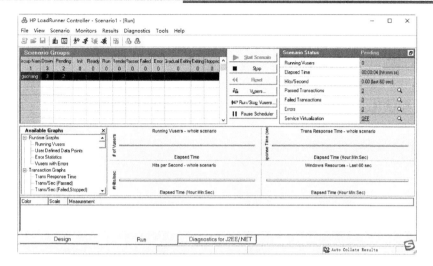

图 8-18　启动测试

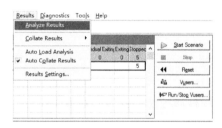

图 8-19　选择 Results→Analyze Results 命令

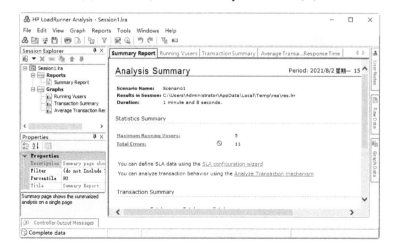

图 8-20　生成结果报告

8.4   测试结果的呈现

8.4.1   获取共享笔记

本小节相关数据参见表 8-1 和表 8-2。

表 8-1   测试数据记录表(1)

性能指标	最小值	最大值	平均值	标准偏差	90%数值
每秒通过请求数	0	430	313.448	116.949	—
平均响应时间(s)	0.134	0.871	0.187	0.168	0.197

表 8-2   测试数据记录表(2)

	Pass	Fail	事务通过率	HTTP200	HTTP502
事务通过情况	294 328	0	100%	—	—
HTTP 响应概要	—	—	—	294 328	0

图 8-21 对应表 8-1 中"每秒通过请求数"的数据。

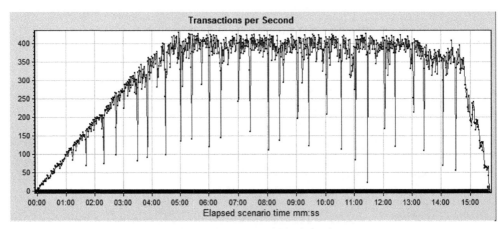

图 8-21   每秒通过请求数(粒度：1)

图 8-22 对应表 8-1 中"平均响应时间"的数据。

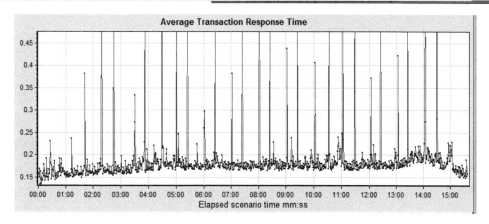

图 8-22　平均响应时间(粒度：1)

图 8-23 对应表 8-2 中"事务通过情况"的数据。

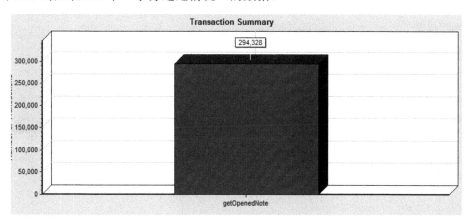

图 8-23　事务通过情况

图 8-24 对应表 8-2 中"HTTP 响应概要"的数据。

HTTP Responses Summary

HTTP Responses	Total	Per second
HTTP 200	294,328	313.448

图 8-24　HTTP 响应概要

8.4.2 加入的小组

本小节相关数据参见表 8-3 和表 8-4。

表 8-3   测试数据记录表(3)

性能指标	最小值	最大值	平均值	标准偏差	90%数值
每秒通过请求数	0	416	325.272	85.378	—
平均响应时间(s)	0.059	0.45	0.133	0.02	0.147

表 8-4   测试数据记录表(4)

	Pass	Fail	事务通过率	HTTP200	HTTP502
事务通过情况	287 866	33	99.9%	—	—
HTTP 响应概要	—	—	—	287 899	0

图 8-25 对应表 8-3 中 "每秒通过请求数" 的数据。

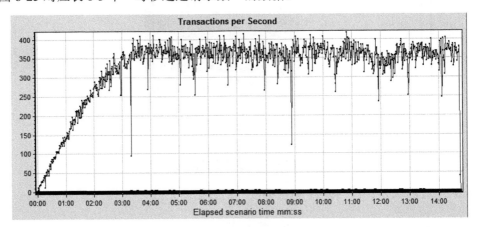

图 8-25   每秒通过请求数(粒度: 1)

图 8-26 对应表 8-3 中 "平均响应时间" 的数据。

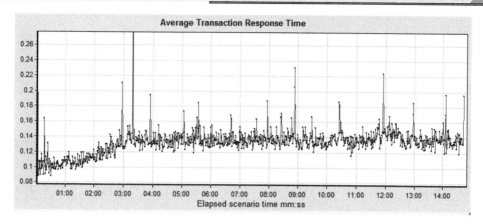

图 8-26　平均响应时间(粒度：1)

图 8-27 对应表 8-4 中"事务通过情况"的数据。

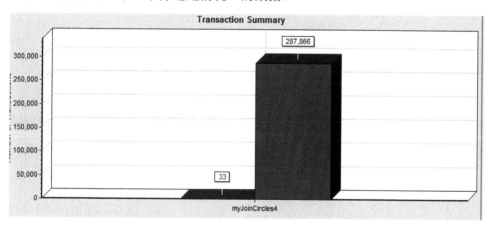

图 8-27　事务概要

图 8-28 对应表 8-4 中"HTTP 响应概要"的数据。

HTTP Responses Summary

HTTP Responses	Total	Per second
HTTP 200	287,899	325.31

图 8-28　HTTP 响应概要

8.4.3 获取小组成员

本小节的相关数据参见表 8-5 和表 8-6。

表 8-5　测试数据记录表(5)

性能指标	最小值	最大值	平均值	标准偏差	90%数值
每秒通过请求数	0	417	209.734	124.423	—
平均响应时间(s)	0.056	1.081	0.16	0.135	0.095

表 8-6　测试数据记录表(6)

	Pass	Fail	事务通过率	HTTP200	HTTP502
事务通过情况	154 784	212	99.9%	—	—
HTTP 响应概要	—	—	—	154 784	212

图 8-29 对应表 8-5 中"每秒通过请求数"的数据。

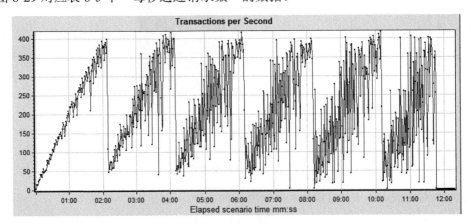

图 8-29　每秒通过请求数(粒度：1)

图 8-30 对应表 8-5 中"平均响应时间"的数据。

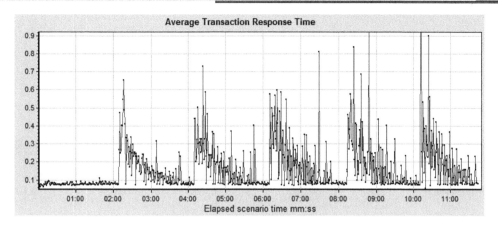

图 8-30　平均响应时间(粒度：1)

图 8-31 对应表 8-6 中"事务通过情况"的数据。

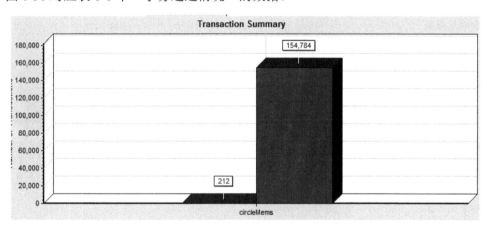

图 8-31　事务概要

图 8-32 对应表 8-6 中"HTTP 响应概要"的数据。

HTTP Responses Summary

HTTP Responses	Total	Per second
HTTP 200	154,784	209.734
HTTP 502	212	0.287

图 8-32　HTTP 响应概要

8.4.4 获取话题详情

本小节的相关数据参见表 8-7 和表 8-8。

表 8-7 测试数据记录表(7)

性能指标	最小值	最大值	平均值	标准偏差	90%数值
每秒通过请求数	0	563	415.396	139.203	—
平均响应时间(s)	0.07	0.307	0.096	0.024	0.105

表 8-8 测试数据记录表(8)

	Pass	Fail	事务通过率	HTTP200	HTTP502
事务通过情况	339 794	4573	98.6%	—	—
HTTP 响应概要	—	—	—	344 347	20

图 8-33 对应表 8-7 中"每秒通过请求数"的数据。

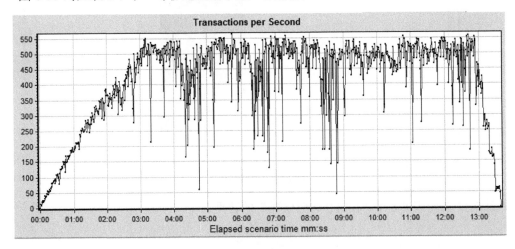

图 8-33 每秒通过请求数(粒度：1)

图 8-34 对应表 8-7 中"平均响应时间"的数据。

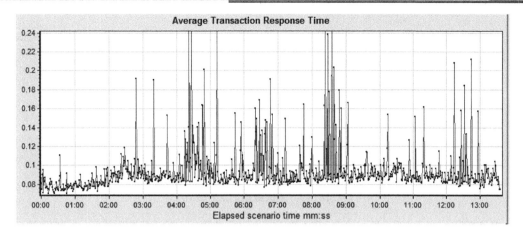

图 8-34　平均响应时间(粒度：1)

图 8-35 对应表 8-8 中"事务通过情况"的数据。

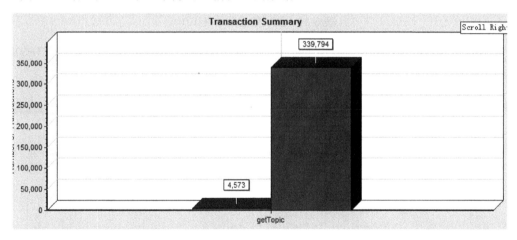

图 8-35　事务概要

图 8-36 对应表 8-8 中"HTTP 响应概要"的数据。

HTTP Responses Summary

HTTP Responses	Total	Per second
HTTP_200	344,347	420.962
HTTP_502	20	0.024

图 8-36　HTTP 响应概要

注意：事务中存在的失败事务是由于调用参数化的话题 id 部分接口返回调用失败，导致事务未通过。

部分导致事务失败的话题 id：17199、23496、15791

8.4.5 获取小组详情

本小节相关数据参见表 8-9 和表 8-10。

表 8-9　测试数据记录表(9)

性能指标	最小值	最大值	平均值	标准偏差	90%数值
每秒通过请求数	0	284	166.466	82.522	—
平均响应时间(s)	0.078	1.272	0.222	0.217	0.282

表 8-10　测试数据记录表(10)

	Pass	Fail	事务通过率	HTTP200	HTTP502
事务通过情况	122 852	36	99.9%	—	—
HTTP 响应概要	—	—	—	122 852	36

图 8-37 对应表 8-9 中"每秒通过请求数"的数据。

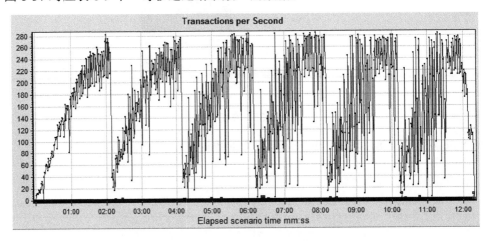

图 8-37　每秒通过请求数(粒度：1)

图 8-38 对应表 8-9 中"平均响应时间"的数据。

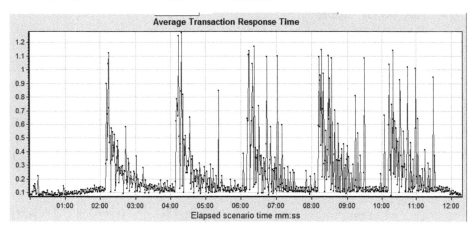

图 8-38　平均响应时间(粒度：1)

图 8-39 对应表 8-10 中"事务通过情况"的数据。

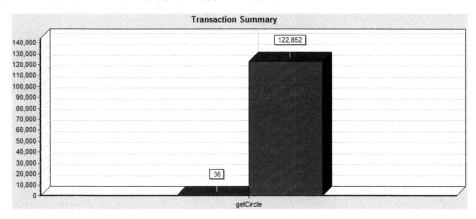

图 8-39　事务概要

图 8-40 对应表 8-10 中"HTTP 响应概要"的数据。

HTTP Responses Summary

HTTP Responses	Total	Per second
HTTP 200	122,852	166.466
HTTP 502	36	0.049

图 8-40　HTTP 响应概要

8.4.6 获取用户信息

本小节相关数据参见表 8-11 和表 8-12。

表 8-11 测试数据记录表(11)

性能指标	最小值	最大值	平均值	标准偏差	90%数值
每秒通过请求数	0	178	64.852	51.708	—
平均响应时间(s)	0.161	13.144	0.776	0.845	1.189

表 8-12 测试数据记录表(12)

	Pass	Fail	事务通过率	HTTP200	HTTP502
事务通过情况	49 806	169	99.6%	—	—
HTTP 响应概要	—	—	—	49 806	169

图 8-41 对应表 8-11 中"每秒通过请求数"的数据。

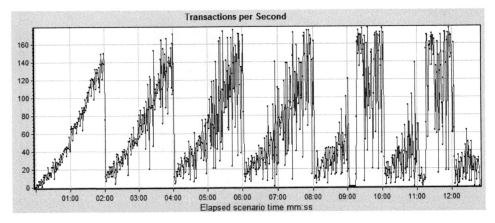

图 8-41 每秒通过请求数(粒度：1)

图 8-42 对应表 8-11 中"平均响应时间"的数据。

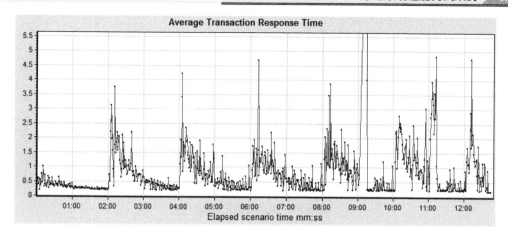

图 8-42　平均响应时间(粒度：1)

图 8-43 对应表 8-12 中"事务通过情况"的数据。

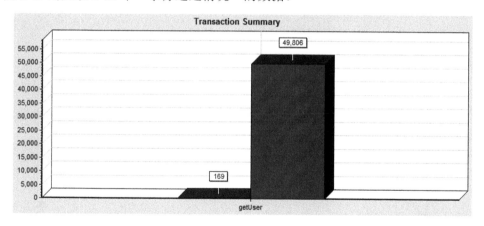

图 8-43　事务概要

图 8-44 对应表 8-12 中"HTTP 响应概要"的数据。

HTTP Responses Summary

HTTP Responses	Total	Per second
HTTP 200	49,806	64.852
HTTP 502	169	0.22

图 8-44　HTTP 响应概要

8.4.7 获取最新笔记

本小节相关数据参见表 8-13 和表 8-14。

表 8-13 测试数据记录表(13)

性能指标	最小值	最大值	平均值	标准偏差	90%数值
每秒通过请求数	0	52	31.288	11.605	—
平均响应时间(s)	0.58	4.202	1.43	0.278	1.867

表 8-14 测试数据记录表(14)

	Pass	Fail	事务通过率	HTTP200	HTTP502
事务通过情况	28 879	0	100%	—	—
HTTP 响应概要	—	—	—	28 879	0

图 8-45 对应表 8-13 中"每秒通过请求数"的数据。

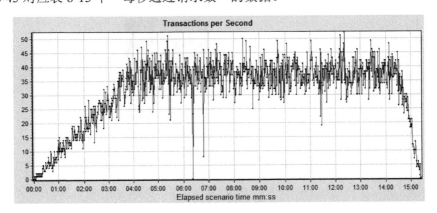

图 8-45 每秒通过请求数(粒度：1)

图 8-46 对应表 8-13 中"平均响应时间"的数据。

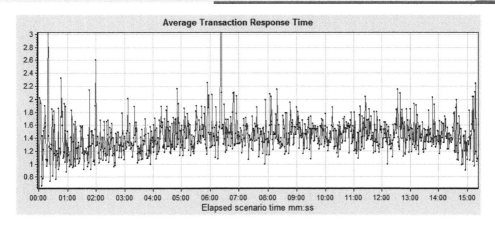

图 8-46　平均响应时间(粒度：1)

图 8-47 对应表 8-14 中"事务通过情况"的数据。

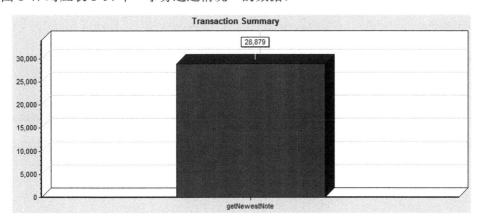

图 8-47　事务概要

图 8-48 对应表 8-14 中"HTTP 响应概要"的数据。

HTTP Responses Summary

HTTP Responses	Total	Per second
HTTP_200	28,879	31.288

图 8-48　HTTP 响应概要

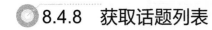

8.4.8 获取话题列表

本小节相关数据参见表 8-15 和表 8-16。

表 8-15　测试数据记录表(15)

性能指标	最小值	最大值	平均值	标准偏差	90%数值
每秒通过请求数	0	353	253.909	73.149	—
平均响应时间(s)	0.113	0.28	0.165	0.02	0.187

表 8-16　测试数据记录表(16)

	Pass	Fail	事务通过率	HTTP200	HTTP502
事务通过情况	213 030	0	100%	—	—
HTTP 响应概要	—	—	—	213 030	0

图 8-49 对应表 8-15 中"每秒通过请求数"的数据。

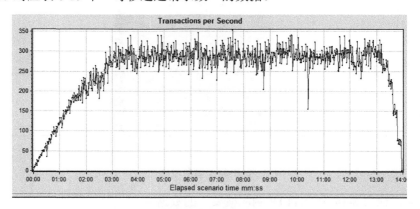

图 8-49　每秒通过请求数(粒度：1)

图 8-50 对应表 8-15 中"平均响应时间"的数据。

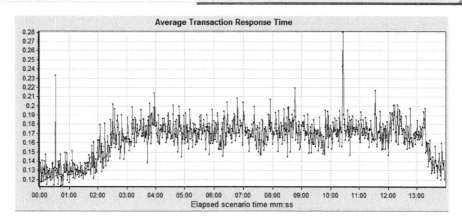

图 8-50　平均响应时间(粒度：1)

图 8-51 对应表 8-16 中"事务通过情况"的数据。

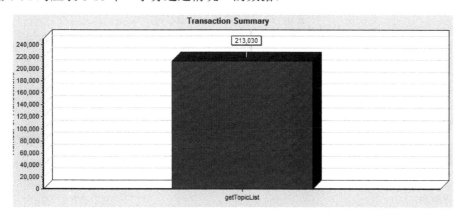

图 8-51　事务概要

图 8-52 对应表 8-16 中"HTTP 响应概要"的数据。

HTTP Responses Summary

HTTP Responses	Total	Per second
HTTP_200	213,030	253.909
HTTP_404	705	0.84

图 8-52　HTTP 响应概要

从图 8-53 中可以看出，负压 1 小时 10 分钟后，堆内存已几乎用完，且无法有效回收。

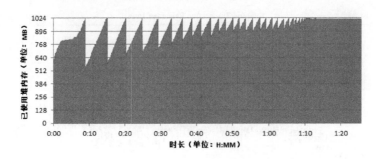

图 8-53　堆内存回收情况

8.4.9　获取置顶话题列表

本小节相关数据参见表 8-17 和表 8-18。

表 8-17　测试数据记录表(17)

性能指标	最小值	最大值	平均值	标准偏差	90%数值
每秒通过请求数	0	641	417.074	147.91	—
平均响应时间(s)	0.061	0.652	0.113	0.051	0.147

表 8-18　测试数据记录表(18)

	Pass	Fail	事务通过率	HTTP200	HTTP502
事务通过情况	362 437	89	99.9%	—	—
HTTP 响应概要	—	—	—	362 437	89

图 8-54 对应表 8-17 中"每秒通过请求数"的数据。

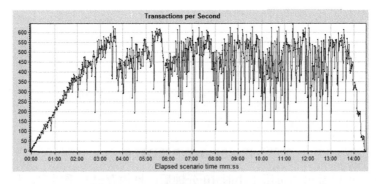

图 8-54　每秒通过请求数(粒度：1)

图 8-55 对应表 8-17 中"平均响应时间"的数据。

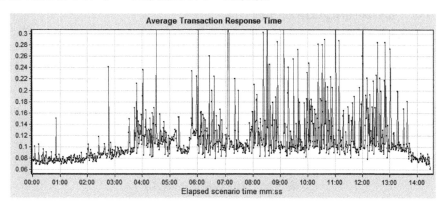

图 8-55 平均响应时间(粒度：1)

图 8-56 对应表 8-18 中"事务通过情况"的数据。

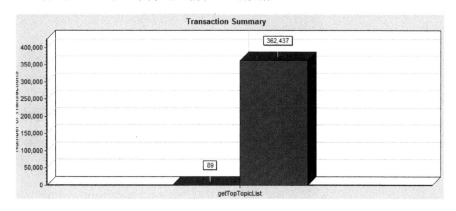

图 8-56 事务概要

图 8-57 对应表 8-18 中"HTTP 响应概要"的数据。

HTTP Responses Summary

HTTP Responses	Total	Per second
HTTP 200	362,437	417.074
HTTP 502	89	0.102

图 8-57 HTTP 响应概要

8.4.10　获取笔记回复列表

本小节相关数据参见表 8-19 和表 8-20。

表 8-19　测试数据记录表(19)

性能指标	最小值	最大值	平均值	标准偏差	90%数值
每秒通过请求数	0	40	22.176	7.133	—
平均响应时间(s)	0.492	5.211	1.574	0.451	2.984

表 8-20　测试数据记录表(20)

	Pass	Fail	事务通过率	HTTP200	HTTP502
事务通过情况	17 497	0	100%	—	—
HTTP 响应概要	—	—	——	17 497	0

图 8-58 对应表 8-19 中"每秒通过请求数"的数据。

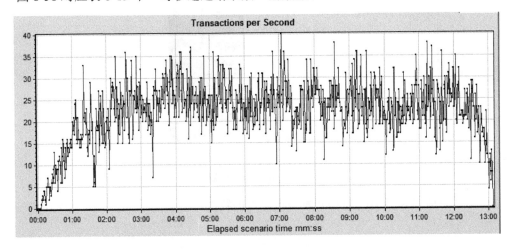

图 8-58　每秒通过请求数(粒度：1)

图 8-59 对应表 8-19 中"平均响应时间"的数据。

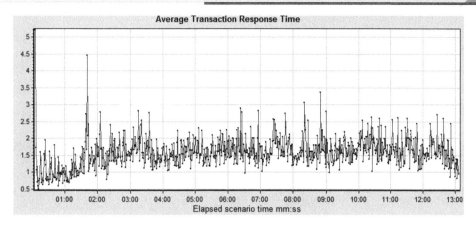

图 8-59 平均响应时间(粒度：1)

图 8-60 对应表 8-20 中"事务通过情况"的数据。

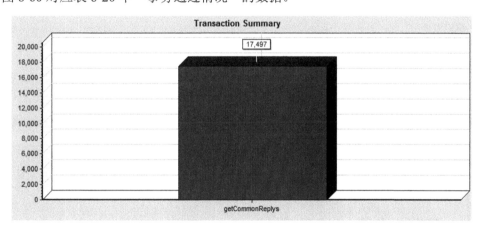

图 8-60 事务概要

图 8-61 对应表 8-20 中"HTTP 响应概要"的数据。

HTTP Responses Summary

HTTP Responses	Total	Per second
HTTP 200	17,497	22.204

图 8-61 HTTP 响应概要

8.4.11　获取话题回复列表

本小节相关数据参见表 8-21 和表 8-22。

表 8-21　测试数据记录表(21)

性能指标	最小值	最大值	平均值	标准偏差	90%数值
每秒通过请求数	0	22	8.945	4.228	—
平均响应时间(s)	0.534	9.937	2.062	0.41	2.871

表 8-22　测试数据记录表(22)

	Pass	Fail	事务通过率	HTTP200	HTTP502
事务通过情况	6324	128	98%	—	—
HTTP 响应概要	—	—	—	6452	0

图 8-62 对应表 8-21 中"每秒通过请求数"的数据。

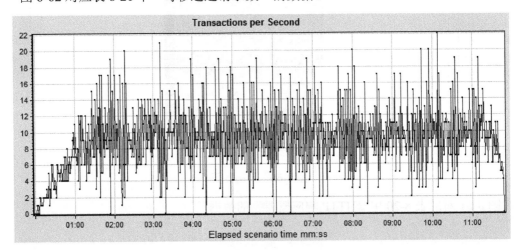

图 8-62　每秒通过事务数(粒度：1)

图 8-63 对应表 8-21 中"平均响应时间"的数据。

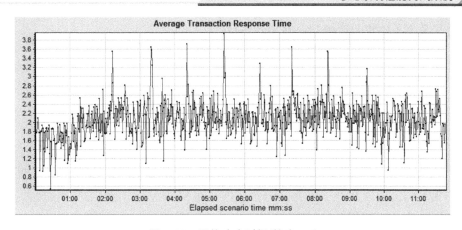

图 8-63　平均响应时间(粒度：1)

图 8-64 对应表 8-22 中"事务通过情况"的数据。

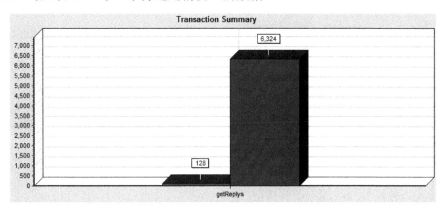

图 8-64　事务概要

图 8-65 对应表 8-22 中"HTTP 响应概要"的数据。

HTTP Responses Summary

HTTP Responses	Total	Per second
HTTP_200	6,452	9.126

图 8-65　HTTP 响应概要

　　注：事务中存在的失败事务是由于调用参数化的话题 id 部分接口返回调用失败，导致事务未通过。

部分导致事务失败的话题 id：9529、15446

8.4.12 获取笔记打赏人

本小节相关数据参见表 8-23 和表 8-24。

表 8-23 测试数据记录表(23)

性能指标	最小值	最大值	平均值	标准偏差	90%数值
每秒通过请求数	0	1314	613.32	441.575	—
平均响应时间(s)	0.021	10.28	0.243	0.084	0.04

表 8-24 测试数据记录表(24)

	Pass	Fail	事务通过率	HTTP200	HTTP502
事务通过情况	456 310	1031	99.7%	—	—
HTTP 响应概要	—	—	—	456 310	1386

图 8-66 对应表 8-23 中"每秒通过请求数"的数据。

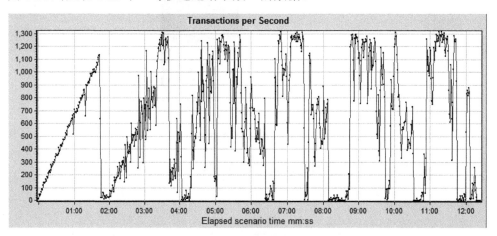

图 8-66　每秒通过请求数(粒度：1)

图 8-67 对应表 8-23 中"平均响应时间"的数据。

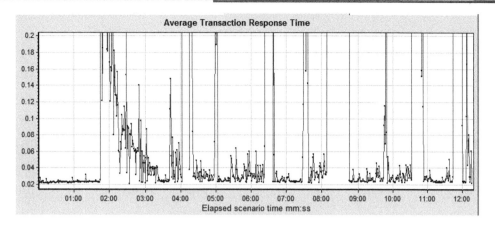

图 8-67　平均响应时间(粒度：1)

图 8-68 对应表 8-24 中"事务通过情况"的数据。

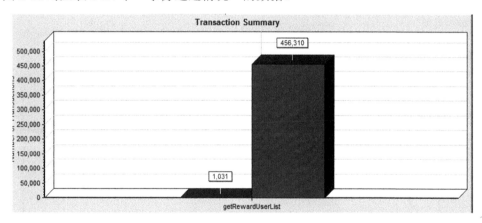

图 8-68　事务概要

图 8-69 对应表 8-24 中"HTTP 响应概要"的数据。

HTTP Responses Summary

HTTP Responses	Total	Per second
HTTP_200	456,310	613.32
HTTP_502	1,031	1.386

图 8-69　HTTP 响应概要

8.4.13 获取话题打赏人

本小节相关数据参见表 8-25 和表 8-26。

表 8-25　测试数据记录表(25)

性能指标	最小值	最大值	平均值	标准偏差	90%数值
每秒通过请求数	0	2048	1576.02	540.292	—
平均响应时间(s)	0.022	1.013	0.029	0.039	0.028

表 8-26　测试数据记录表(26)

	Pass	事务通过率	Fail	HTTP200	HTTP502
事务通过情况	1 322 281	99.9%	5	—	—
HTTP 响应概要	—	—	—	1 322 281	5

图 8-70 对应表 8-25 中"每秒通过请求数"的数据。

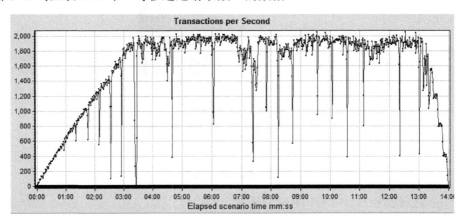

图 8-70　每秒通过请求数(粒度：1)

图 8-71 对应表 8-25 中"平均响应时间"的数据。

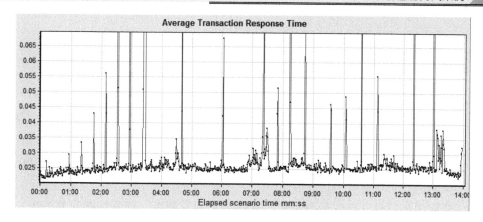

图 8-71   平均响应时间(粒度：1)

图 8-72 对应表 8-26 中"事务通过情况"的数据。

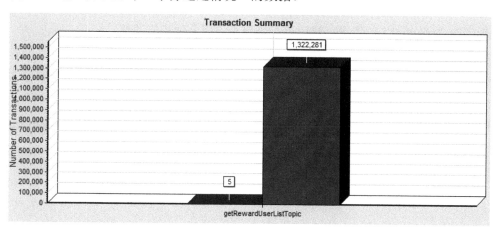

图 8-72   事务概要

图 8-73 对应表 8-26 中"HTTP 响应概要"的数据。

HTTP Responses Summary

HTTP Responses	Total	Per second
HTTP 200	1,322,281	1,576.02
HTTP 502	5	0.006

图 8-73   HTTP 响应概要

8.5　测试结论

压力测试中基本指标信息汇总如下：

（1）获取共享笔记、获取加入的小组、获取话题详情、获取置顶话题列表、获取笔记打赏人、获取话题打赏人：每秒通过请求数均＞300，平均响应时间均＜0.2s。

（2）获取小组成员、获取小组详情、获取话题列表：每秒通过请求数介于 100 和 300 之间，平均响应时间均小于 1s。

（3）获取用户信息、获取最新笔记、获取笔记回复列表、获取话题回复列表：每秒通过请求数低于 100，除获取用户信息外平均响应时间高于 1s。

稳定性测试中发现，获取话题列表应该存在内存泄漏，总体走势见"图 8-53　堆内存回收情况"，属于严重问题，必须修复；获取话题列表、获取话题回复列表在测试过程中，出现较多的"result=0"的情况，建议进一步排查原因并做相应调整。

另外测试过程中发现，除获取最新笔记、获取笔记回复列表、获取话题回复列表外，其他接口均存在 TIME_WAIT 状态的 tcp 连接数过高，导致目前的环境下 tcp 连接数不足，由此导致请求响应不稳定且部分请求失败，建议排查原因并进行修复。

附　录

性能监控方法和工具的应用

　　附录收录了软件性能测试中常见的性能监控方法和常用工具,包括进程相关指标和监控技术、CPU 相关指标和监控技术、内存相关指标和监控技术、磁盘 I/O 相关指标和监控技术、nmon 工具详解、常用 Shell 监控命令,供读者使用时查阅。

A.1 进程相关指标和监控技术

A.1.1 top 命令

top 命令的格式如下:

```
top -b -p 30080 -d 1 -n 3 |awk '/beam/ {now=strftime("%I:%M:%S", systime());print now ": " $0}'
```

A.1.2 nmon 命令

在 nmon 安装目录先执行./nmon 命令,再执行 t 指令。此命令执行结果如下:

```
x Top-Processes-(100) qqqqqMode=3  [1=Basic 2=CPU 3=Perf 4=Size 5=I/O 6=Cmds]qqqqqqqqqqqqqqqqqqqqqqqqqqc
x PID       %CPU    Size    Res    Res    Res   Char  RAM   Paging          Command
x           Used    KB      Set    Text   Data  I/O   Use   io  other repage
x 458766    1.0     1216    1216   0      1216  0     0%    0    0       0 vmmd
x 6881380   0.1     10632   10964  548    10416 2     0%    0    0       0 nmon12e_aix61
x 8061112   0.0     71084   72064  3648   68416 0     1%    0    0       0 beam.smp
x 0         0.0     384     384    0      384   0     0%    0    0       0 Swapper
x 6684724   0.0     644     672    84     588   0     0%    0    0       0 getty
x 1179684   0.0     960     960    0      960   0     0%    0    0       0 gil = TCP/IP
```

beam 进程 CPU 利用率:CPU%。

执行完 t 后按 4,按内存占用大小排序,可以看到 beam 进程占用内存大小,除以系统总内存结果为内存占用率。

A.2 CPU 相关指标和监控技术

A.2.1 top 命令

top 命令的执行结果如下:

```
[root@emp5 test]# top
top - 16:58:59 up 15 days, 46 min,  2 users,  load average: 0.00, 0.00, 0.00
Tasks: 131 total,   1 running, 130 sleeping,   0 stopped,   0 zombie
Cpu(s):  0.0%us,  0.0%sy,  0.0%ni,100.0%id,  0.0%wa,  0.0%hi,  0.0%si,  0.0%st
Mem:   7748144k total,   511356k used,  7236788k free,    41756k buffers
Swap:  4194296k total,        0k used,  4194296k free,   189660k cached

  PID USER      PR  NI  VIRT  RES  SHR S %CPU %MEM    TIME+  COMMAND
26725 mysql     20   0  587m  70m 4160 S  2.0  0.9  1:30.60 mysqld
    1 root      20   0 19364 1616 1304 S  0.0  0.0  0:00.88 init
    2 root      20   0     0    0    0 S  0.0  0.0  0:00.13 kthreadd
    3 root      RT   0     0    0    0 S  0.0  0.0  0:00.16 migration/0
    4 root      20   0     0    0    0 S  0.0  0.0  0:00.04 ksoftirqd/0
    5 root      RT   0     0    0    0 S  0.0  0.0  0:00.00 migration/0
    6 root      RT   0     0    0    0 S  0.0  0.0  0:00.87 watchdog/0
    7 root      RT   0     0    0    0 S  0.0  0.0  0:00.16 migration/1
    8 root      RT   0     0    0    0 S  0.0  0.0  0:00.00 migration/1
    9 root      20   0     0    0    0 S  0.0  0.0  0:00.15 ksoftirqd/1
   10 root      RT   0     0    0    0 S  0.0  0.0  0:00.79 watchdog/1
   11 root      RT   0     0    0    0 S  0.0  0.0  0:00.24 migration/2
```

另一条 top 命令的格式及执行结果如下:

```
top -b -d 10 -n 35 |awk '/^Cpu/ {now=strftime( "%I:%M:%S", systime() );print
now ": " $0}'的%id

[root@emp5 test]# top -b -d 1 -n 5 |awk '/^Cpu/ {now=strftime( "%I:%M:%S", systime() );print now ": " $0}'
05:04:51: Cpu(s):  0.0%us,  0.0%sy,  0.0%ni,100.0%id,  0.0%wa,  0.0%hi,  0.0%si,  0.0%st
05:04:52: Cpu(s):  0.0%us,  0.0%sy,  0.0%ni,100.0%id,  0.0%wa,  0.0%hi,  0.0%si,  0.0%st
05:04:53: Cpu(s):  0.0%us,  0.0%sy,  0.0%ni,100.0%id,  0.0%wa,  0.0%hi,  0.0%si,  0.0%st
05:04:54: Cpu(s):  0.2%us,  0.0%sy,  0.0%ni, 99.8%id,  0.0%wa,  0.0%hi,  0.0%si,  0.0%st
05:04:55: Cpu(s):  0.0%us,  0.2%sy,  0.0%ni, 99.8%id,  0.0%wa,  0.0%hi,  0.0%si,  0.0%st
```

CPU 利用率=100%-%id

A.2.2　sar 命令

sar 命令的执行结果如下：

```
[root@emp5 test]# sar -u 1 3
Linux 2.6.32-431.el6.x86_64 (emp5.2)    07/29/2015    _x86_64_    (4 CPU)

05:02:41 PM    CPU    %user    %nice    %system    %iowait    %steal    %idle
05:02:42 PM    all    0.00     0.00     0.00       0.00       0.00      100.00
05:02:43 PM    all    0.00     0.00     0.00       0.00       0.00      100.00
05:02:44 PM    all    0.00     0.00     0.25       0.00       0.00      99.75
Average:       all    0.00     0.00     0.08       0.00       0.00      99.92
```

CPU 利用率=100%-%id

A.2.3　nmon 命令

在 nmon 安装目录先执行./nmon 命令，再执行 c 指令。此命令的执行结果如下：

```
nmon14gqqqqqq[H for help]qqqHostname=emp5qqqqqqqqqRefresh= 2secs qqq17:25.59qqqqqqqqqqqqqqqqqqqqq
x CPU Utilisation qqqqqqqqqqqqqqqqqqqqqqqqqqqqqqqqqqqqqqqqqqqqqqqqqqqqqqqqqqqqqqqqqqqqqqqqq
x-------------------------+-----------------------------------------------------+
xCPU  User%  Sys% Wait% Idle|0      |25      |50      |75      100|
x  1   0.0    0.0   0.0 100.0|  >                                               |
x  2   0.0    0.0   0.0 100.0| >                                                |
x  3   0.0    0.0   0.0 100.0| >                                                |
x  4   0.0    0.0   0.0 100.0| >                                                |
x-------------------------+-----------------------------------------------------+
xAvg   0.0    0.0   0.0 100.0|  >                                               |
x-------------------------+-----------------------------------------------------+
```

系统 CPU 利用率为：100%-Avg Idle%；

A.3　内存相关指标和监控技术

A.3.1　sar 命令

sar 命令的执行结果如下：

```
[root@emp5 test]# sar -r 1 3
Linux 2.6.32-431.e16.x86_64 (emp5.2)    07/29/2015    _x86_64_    (4 CPU)

05:21:39 PM kbmemfree kbmemused %memused kbbuffers kbcached kbcommit %commit
05:21:40 PM  7237028   511116     6.60     41828   189708   489384    4.10
05:21:41 PM  7237028   511116     6.60     41828   189708   489384    4.10
05:21:42 PM  7237028   511116     6.60     41828   189708   489384    4.10
Average:     7237028   511116     6.60     41828   189708   489384    4.10
```

内存利用率=%memused

A.3.2　nmon 命令

在 nmon 安装目录先执行./nmon 命令，再执行 m 指令。此命令的执行结果如下：

```
nmonq14qqqqqqq[H for help]qqqHostname=emp5qqqqqqqqqqRefresh= 2secs qqq17:24.18qqqqqqqqqqqqqqqqqqqqq
x Memory Stats qqqqqqqqqqqqqqqqqqqqqqqqqqqqqqqqqqqqqqqqqqqqqqqqqqqqqqqqqqqqqqqqqqqqqqqqqqqqqqqqqqqqqqqq
x              RAM      High      Low      Swap    Page Size=4 KB
x Total MB   7566.5     -0.0     -0.0    4096.0
x Free  MB   7053.8     -0.0     -0.0    4096.0
x Free Percent  93.2%  100.0%   100.0%   100.0%
x          MB                             MB                    MB
x                       Cached=   185.3   Active=    137.7
x Buffers=    40.9 Swapcached=     0.0   Inactive=  185.5
x Dirty=       0.0 Writeback =     0.0   Mapped=     15.3
x Slab  =    114.6 Commit_AS =   496.5 PageTables=    3.3
xqqqqqqqqqqqqqqqqqqqqqqqqqqqqqqqqqqqqqqqqqqqqqqqqqqqqqqqqqqqqqqqqqqqqqqqqqqqqqqqqqqqqqqqqqqqqqqqqqqq
```

系统内存利用率为：100%-Free Percent RAM。

A.4　磁盘 I/O 相关指标和监控技术

A.4.1　iostat 命令

iostat 命令的执行结果如下：

```
[root@emp5 test]# iostat 2 2 -x
Linux 2.6.32-431.e16.x86_64 (emp5.2)    07/29/2015    _x86_64_    (4 CPU)

avg-cpu:  %user   %nice %system %iowait  %steal   %idle
           0.00    0.00    0.01    0.01    0.00   99.98

Device:    rrqm/s   wrqm/s    r/s    w/s   rsec/s   wsec/s avgrq-sz avgqu-sz   await  svctm  %util
sda          0.00     0.28   0.05   0.05    1.33     2.51    41.52     0.00    27.75   3.78   0.04
dm-0         0.00     0.00   0.05   0.32    1.32     2.50    10.55     0.07   203.45   0.96   0.03
```

A.4.2　sar 命令

此处 sar 命令的执行结果如下：

```
[root@emp5 test]# sar -d 1 1
Linux 2.6.32-431.el6.x86_64 (emp5.2)    07/29/2015    _x86_64_    (4 CPU)

05:53:05 PM       DEV    tps  rd_sec/s  wr_sec/s  avgrq-sz  avgqu-sz   await   svctm   %util
05:53:06 PM    dev8-0   0.00      0.00      0.00      0.00      0.00    0.00    0.00    0.00
05:53:06 PM  dev253-0   0.00      0.00      0.00      0.00      0.00    0.00    0.00    0.00

Average:          DEV    tps  rd_sec/s  wr_sec/s  avgrq-sz  avgqu-sz   await   svctm   %util
Average:       dev8-0   0.00      0.00      0.00      0.00      0.00    0.00    0.00    0.00
Average:     dev253-0   0.00      0.00      0.00      0.00      0.00    0.00    0.00    0.00
```

A.4.3　nmon 命令

在 nmon 安装目录先执行 ./nmon 命令，再执行 d 指令。此命令的执行结果如下：

```
x Disk-KBytes/second-(K=1024,M=1024*1024) qqqqqqqqqqqqqqqqqqqqqqqqqqqqqqqqqqqqq
xDisk     Busy   Read  Write 0----------25-----------50------------75--------100
x Name          KB/s   KB/s |          |            |            |           |
xhdisk0    0%      0      0| For Busy% run: chdev -l sys0 -a iostat=true      |
xcd0       0%      0      0| For Busy% run: chdev -l sys0 -a iostat=true      |
xTotals            0      0+----------|------------|------------|----------+
```

系统 I/O 利用率为：Busy 和。

A.5　nmon 工具详解

nmon 工具是 IBM 提供的免费的在 AIX 与各种 Linux 操作系统上广泛使用的监控与分析工具。该工具可将服务器的系统资源耗用情况收集起来并输出一个特定的文件，可利用 Excel 分析工具 nmon analyser 进行数据的统计分析。并且，nmon 运行不会占用过多的系统资源，通常情况下 CPU 利用率不会超过 2%。针对不同的操作系统版本，nmon 有相应版本的程序。

A.5.1　工具下载

下载 nmon 相关工具时需注意要下载对应的系统版本的工具。

(1) 查看系统版本使用命令。

● AIX 系统：oslevel -s
```
root@MBUATWEB:/home/root/ryt>oslevel -s
6100-06-05-1115
```
● Centos 系统：

cat /proc/version
```
[root@ewp-ebb-app ~]# cat /proc/version
Linux version 2.6.18-164.el5 (mockbuild@builder10.centos.org) (gcc version 4.1.2
 20080704 (Red Hat 4.1.2-46)) #1 SMP Thu Sep 3 03:28:30 EDT 2009
```

```
cat /etc/issue
[root@ewp-ebb-app ~]# cat /etc/issue
CentOS release 5.4 (Final)
Kernel \r on an \m
```

```
lsb_release -a
[root@ewp-ebb-app ~]# lsb_release -a
LSB Version:    :core-3.1-amd64:core-3.1-ia32:core-3.1-noarch:graphics-3.1-amd64
:graphics-3.1-ia32:graphics-3.1-noarch
Distributor ID: CentOS
Description:    CentOS release 5.4 (Final)
Release:        5.4
Codename:       Final _
```

(2) 报告生成工具：nmon*aix_*e.tar.gz。下载地址如下。

AIX 系统：http://www.ibm.com/developerworks/wikis/display/WikiPtype/nmon

Linux 系统：http://nmon.sourceforge.net/pmwiki.php?n=Site.Download

(3) 报告导入分析工具：nmon_analyser.zip。下载地址为：

http://www.ibm.com/developerworks/wikis/display/Wikiptype/nmonanalyser

A.5.2 工具安装

将解压后的文件夹名改为 nmon 并上传到 Centos 系统中任意目录下。

首先用 SSH Secure File Transfer 登录到 Centos 服务器，进入指定目录比如/home/test，将 nmon 文件夹放到 test 目录下，如图 A-1 所示。

图 A-1　进入指定目录放置文件夹

A.5.3 权限设置

1. 鼠标操作

为了能够正常地使用 nmon 工具，我们需要修改相关文件的权限。

在/home/test 目录下，选中 nmon 文件夹并右击，在弹出的快捷菜单中选择 Properties 命令，如图 A-2 所示。

在如图 A-3 所示的属性对话框中将 nmon 的全部权限都选中，单击"确定"按钮完成权限设置。

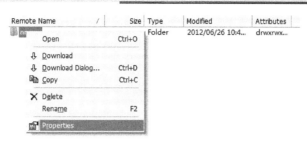

图 A-2 选择 Properties 命令

图 A-3 "nmon 属性"对话框

2. 指令操作

该命令有两种用法：一种是包含字母和操作符表达式的文字设定法；另一种是包含数字的数字设定法。

A.5.4 进入 nmon

经过前面的安装与权限设置，nmon 工具现在已经可以使用了。

首先利用 SSH Secure Shell 登录到服务器，进入到/home/test/nmon 目录下，输入./nmon，出现如图 A-4 所示的界面，说明 nmon 安装成功。

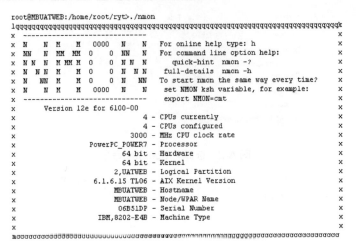

图 A-4　输入 ./nmon 后出现的界面

A.5.5　文件形式采集数据

1. 采集命令

在实际的性能测试中我们需要把一段时间之内的数据记录下来，可以在 nmon 的安装目录下使用如下命令：./nmon -f -t -s 30 -c 10

上面命令的含义如下。

-f：按标准格式输出文件名称。如下所示：<hostname>_YYYYMMDD_HHMM.nmon

-t：输出最耗资源的进程。

-s：每隔 n 秒抽样一次。这里为 30 秒。

-c：取出多少个抽样数量。这里为 10，即监控=10*30/60=5 分钟。

test：监控记录的标题。

该命令启动后，会在 nmon 所在目录下生成监控文件，并持续写入资源数据，直至 10 个监控点收集完成，即监控 5 分钟。这些操作均自动完成，无须手工干预，测试人员可以继续完成其他操作。

2. 停止命令

一般情况我们会在命令中设好采样间隔和次数，如果想中途停止该监控，需要通过"ps -aef|grep nmon"查询进程号，然后杀掉该进程以停止监控。

3. 生成 nmon 报告

将.nmon 文件下载到本地，通过 nmon analyser 工具(nmon analyser v33g.xls)转化为 Excel 文件。步骤如下。

(1) 下载后打开 nmon analyser v33g.xls。

(2) 调整 Excel 宏的安全级别，调整为最低或者按如图 A-5 所示进行操作。

图 A-5　调整 Excel 宏的安全级别

(3) 单击 Analyser nmon data 按钮，选择下载下来的.csv 文件，然后就会转化成.excel 文件，生成图形化的文件，如图 A-6 所示。

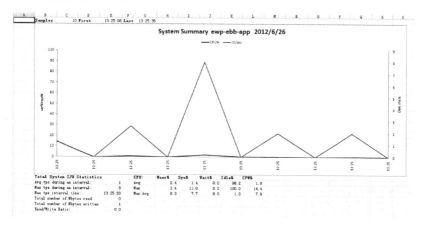

图 A-6　生成图形化的文件

4. 读取系统 CPU 利用率

读取系统 CPU 利用率时，可以从报告的 SYS_SUMM sheet 中读取，具体信息如图 A-7 所示。

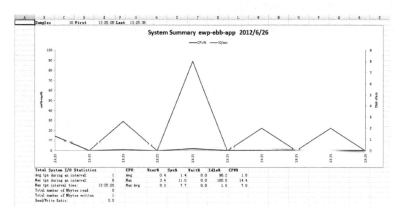

图 A-7　图形化的数据信息(CPU 利用率)

关于数据摘抄到如表 A-1 所示的表格中。

表 A-1　系统 CPU 利用率

CPU:	User%	Sys%	Wait%	Idle%	CPU%
Avg	0.4	1.4	0.0	98.2	1.8
Max	3.4	11.0	0.0	100.0	14.4
Max:Avg	8.3	7.7	0.0	1.0	7.9

说明：

(1)　CPU%=User%+Sys%。

(2)　Wait%不计在 CPU 利用率中。

读出结果：

(1)　CPU 平均利用率为：1.8%。

(2)　CPU 最大利用率为：14.4%。

5. 读取系统内存利用率

读取系统内存利用率时，可以从报告的 MEM sheet 中读取，具体信息如图 A-8 所示。

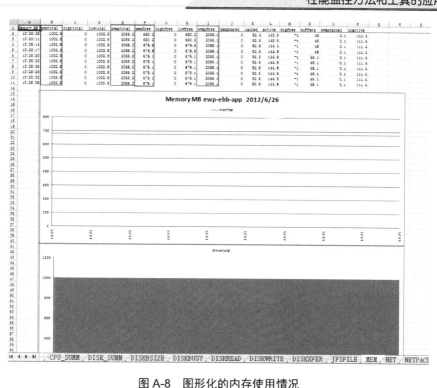

图 A-8　图形化的内存使用情况

关于数据摘抄到如表 A-2 所示的表格中。

表 A-2　内存使用情况表

Memory MB ewp-ebb-app	memtotal	hightotal	lowtotal	swaptotal	memfree	highfree	lowfree	swapfree	memshared	cached	active	bigfree	buffers	swapcached	inactive
13:25:08	1002.8	0	1002.8	2055.2	680.2	0	680.2	2055.1	0	92.4	143.6	-1	45	0.1	111.4
13:25:11	1002.8	0	1002.8	2055.2	680.2	0	680.2	2055.1	0	92.5	143.6	-1	45	0.1	111.4
13:25:14	1002.8	0	1002.8	2055.2	671.6	0	671.6	2055.1	0	92.5	144.4	-1	45	0.1	111.4
13:25:17	1002.8	0	1002.8	2055.2	671.5	0	671.5	2055.1	0	92.5	144.5	-1	45	0.1	111.4
13:25:20	1002.8	0	1002.8	2055.2	671.1	0	671.1	2055.1	0	92.5	144.9	-1	45.1	0.1	111.4
13:25:23	1002.8	0	1002.8	2055.2	671.1	0	671.1	2055.1	0	92.5	144.9	-1	45.1	0.1	111.4
13:25:26	1002.8	0	1002.8	2055.2	671.1	0	671.1	2055.1	0	92.5	144.9	-1	45.1	0.1	111.4
13:25:29	1002.8	0	1002.8	2055.2	671.1	0	671.1	2055.1	0	92.5	144.9	-1	45.1	0.1	111.4
13:25:32	1002.8	0	1002.8	2055.2	671.1	0	671.1	2055.1	0	92.5	144.9	-1	45.1	0.1	111.4
13:25:35	1002.8	0	1002.8	2055.2	671.1	0	671.1	2055.1	0	92.5	144.9	-1	45.1	0.1	111.4

说明：

MemFree %= memfree(MB)/memtotal(MB)=680/1002.8= 67.76%。

读出结果：

物理内存平均利用率为：32.24%=100%-67.76%。

6. 读取系统 I/O 利用率

读取系统 I/O 利用率时，可以从报告的 DISK_SUMM sheet 中读取，具体信息如图 A-9 所示。

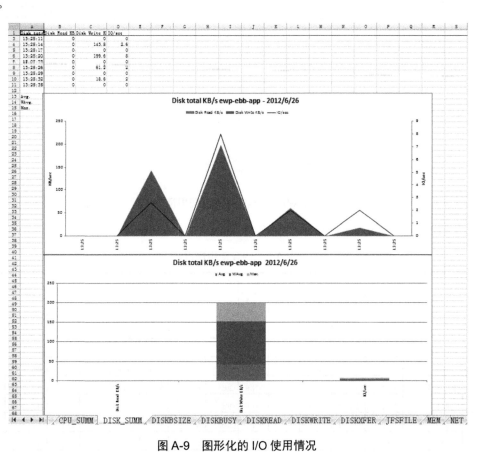

图 A-9　图形化的 I/O 使用情况

关于数据摘抄到如表 A-3 所示的表格中。

表 A-3　系统 I/O 使用情况

Disk total KB/s ewp-ebb-app	Disk Read KB/s	Disk Write KB/s	IO/sec
13:25:08	0	0	0
13:25:11	0	0	0
13:25:14	0	143.8	2.6
13:25:17	0	0	0
13:25:20	0	191.6	8
13:25:23	0	0	0
13:25:26	0	61.2	2
13:25:29	0	0	0
13:25:32	0	18.6	2
13:25:35	0	0	0

说明:

此处的 IO 是系统的,还需参考进程 IO 占用。

读出结果:

(1)　I/O 利用率(每秒 IO 数)为:(2.6+8+2+2)/10~=1。

(2)　也可以从 SYS_SUMM 中的 Avg tps during an interval:1 直接读出。

7. 读取 beam 进程的 CPU 利用率和内存使用率

读取进程的 CPU 利用率和内存使用率时,可以从报告的 TOP sheet 中读取,具体信息如图 A-10 所示。

	A	B	C	D	E	F	G	H	I	J	K	L	M	N	O	P
1	Time	PID	%CPU	%Usr	%Sys	Threads	Size	ResText	ResData	CharIO	%RAM	Paging	Command	WLMclass	IntervalC	WSet
2	16:05:30	5374026	94.19	89.98	4.21	29	137864	2876	135196	338403	10.534	2431	beam.smp	Unclassif	5.89	138,072
3	16:06:00	5374026	94.27	89.57	4.7	29	139940	2876	137272	335222	10.692	1943	beam.smp	Unclassif	47.14	140,148
4	16:06:30	5374026	94.51	89.89	4.62	29	137788	2876	135120	335151	10.528	2185	beam.smp	Unclassif	47.26	137,996
5	16:07:00	5374026	94.49	89.67	4.82	29	132652	2876	129984	334785	10.136	2288	beam.smp	Unclassif	47.25	132,860
6	16:07:30	5374026	94.2	89.65	4.55	29	132672	2876	130004	332630	10.138	2059	beam.smp	Unclassif	47.10	132,880
7	16:08:00	5374026	95.7	91.52	4.18	29	137048	2876	134380	349114	10.472	1976	beam.smp	Unclassif	47.85	137,256
8	16:08:30	5374026	96.34	92.14	4.2	29	137604	2876	134936	349172	10.514	1794	beam.smp	Unclassif	48.17	137,812
9	16:09:00	5374026	95.7	91.49	4.21	29	131132	2876	128464	344316	10.02	1925	beam.smp	Unclassif	47.85	131,340
10	16:09:30	5374026	96.33	92.15	4.18	29	139712	2876	137044	350905	10.675	2030	beam.smp	Unclassif	48.17	139,920
11	16:10:00	5374026	95.78	91.58	4.2	29	136124	2876	133456	344940	10.401	2183	beam.smp	Unclassif	47.89	136,332
12	16:10:30	5374026	95.8	91.71	4.1	29	139104	2876	134380	345872	10.629	1969	beam.smp	Unclassif	47.90	139,312
13	16:11:00	5374026	95.5	90.91	4.59	29	134240	2876	131572	338644	10.258	1860	beam.smp	Unclassif	47.75	134,448
14	16:11:30	5374026	95.48	90.97	4.51	29	138572	2876	135904	338638	10.588	2298	beam.smp	Unclassif	47.74	138,780

图 A-10　进程的执行情况

读出或计算结果:

(1)　Beam 进程 CPU 利用率为:94.8%。

(2) Beam 进程内存利用率为：136501.7KB/总内存。

A.5.6　nmon 工具在 AIX6.1 系统中实践

1. 实时监控数据

对系统资源的实时监控建议采用 topas 命令，结果如图 A-11 所示。

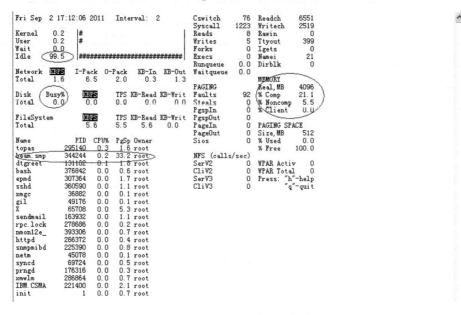

图 A-11　topas 命令的执行情况

读出或计算结果：

系统 CPU 利用率为：100%-Idle%(或 sar -u 1 3 的%idle)。

系统内存利用率为：%Comp+%Noncomp+%Client。

系统 I/O 利用率为：%Busy(iostat -d 2 5 看% tm_act，sar -d 2 5 看%busy)。

beam 进程 cpu 利用率：CPU%。

进程的内存使用率：ps gv | head -n 1; ps gv | egrep -v "RSS" | sort +6b -7 -n -r

2. 以文件形式采集数据

文件采集过程同 centos。

A.6　常用 Shell 监控命令

A.6.1　vmstat

vmstat 命令可监视内存使用情况。可对操作系统的虚拟内存、进程、CPU 活动进行监视。它是对系统的整体情况进行统计，不足之处是无法对某个进程进行深入分析。

vmstat 的语法：vmstat [-V] [-n] [delay [count]]

其中，-V 表示打印出版本信息；-n 表示在周期性循环输出时，输出的头部信息仅显示一次；delay 是两次输出之间的延迟时间；count 是指按照这个时间间隔统计的次数。对于 vmstat 输出各字段的含义，可运行 man vmstat 查看。

1. Centos 系统

```
[root@ewp-ebb-app mnt]# vmstat
procs -----------memory---------- --swap-- -----io---- --system-- -----cpu-----
 r  b   swpd   free   buff  cache   si   so    bi    bo   in   cs us sy id wa st
 0  0    112 724780  48216 95160    0    0     0     1    8    4  0  0 100  0  0
```

参数介绍如下。

(1) procs 参数。

r 列表示运行队列或等待 CPU 时间片的进程数。每个可运行队列不应该有超过 1~3 个线程(每个运行队列是一个处理器)，比如：双处理器系统的可运行队列里不应该超过 6 个线程。

b 列表示在等待资源的进程数，比如正在等待 I/O 或者内存交换等。

(2) memory 参数。

swpd 切换到内存交换区的内存数量(k 表示)。如果 swpd 的值不为 0，或者比较大，比如超过了 100m，只要 si、so 的值长期为 0，系统性能还是正常。

free 当前的空闲页面列表中内存数量(k 表示)。

buff 作为 buffer cache 的内存数量，一般对块设备的读写才需要缓冲。

cache 作为 page cache 的内存数量，一般作为文件系统的 cache，如果 cache 较大，说明用到 cache 的文件较多，如果此时 IO 中 bi 比较小，说明文件系统效率比较好。

(3) swap 参数。

si 由内存进入内存交换区数量。

so 由内存交换区进入内存数量。

(4) IO 参数。

bi 从块设备读入数据的总量(读磁盘)(每秒 kb)。

bo 块设备写入数据的总量(写磁盘)(每秒 kb)

这里我们设置的 bi+bo 参考值为 1000,如果超过 1000,而且 wa 值较大应该考虑均衡磁盘负载,可以结合 iostat 输出来分析。

(5) system ——显示采集间隔内发生的中断数。

in 列表示在某一时间间隔中观测到的每秒设备中断数。

cs 列表示每秒产生的上下文切换次数,如当 cs 比磁盘 I/O 和网络信息包速率高得多,都应进行进一步调查。

(6) cpu——表示 CPU 的使用状态。

us 列显示了用户方式下所花费 CPU 时间的白分比。us 的值比较高时,说明用户进程消耗的 CPU 时间多,但是如果长期大于 50%,需要考虑优化用户的程序。

sy 列显示了内核进程所花费的 CPU 时间的百分比。这里 us + sy 的参考值为 80%,如果 us+sy 大于 80%说明可能存在 CPU 不足。

wa 列显示了 IO 等待所占用的 CPU 时间的百分比。这里 wa 的参考值为 30%,如果 wa 超过 30%,说明 IO 等待严重,这可能是磁盘大量随机访问造成的,也可能是磁盘或者磁盘访问控制器的带宽瓶颈造成的(主要是块操作)。

id 列显示了 CPU 处在空闲状态的时间百分比。

1) 实例解析

分清不同系统的应用类型很重要,通常应用可以分为两种类型:

IO 相关,IO 相关的应用通常用来处理大量数据,需要大量内存和存储,频繁 IO 操作读写数据,而对 CPU 的要求则较少,大部分时间 CPU 都在等待硬盘,比如,数据库服务器、文件服务器等。

CPU 相关,CPU 相关的应用需要使用大量 CPU,如高并发的 Web/Mail 服务器、图像/视频处理、科学计算等都可视作 CPU 相关的应用。

实例,第 1 个是文件服务器复制一个大文件时表现出来的特征,第 2 个是 CPU 做大量计算时表现出来的特征,如图 A-12 所示。

```
$ vmstat 1
procs -----------memory---------- ---swap-- -----io---- --system-- -----cpu---
 r  b   swpd   free   buff  cache   si   so    bi    bo   in   cs us sy wa s
 0  4    140 1962724 335516 4852308   0    0   388 65024 1442  563  0  2 47 52
 0  4    140 1961816 335516 4853868   0    0   768 65536 1434  522  0  1 50 48
 0  4    140 1960788 335516 4855300   0    0   768 48640 1412  573  0  1 50 49
 0  4    140 1958528 335516 4857280   0    0  1024 65536 1415  521  0  1 41 57
 0  5    140 1957488 335516 4858884   0    0   768 81412 1504  609  0  2 50 49
```

```
$ vmstat 1
procs -----------memory---------- ---swap-- -----io---- --system-- -----cpu---
 r  b   swpd   free   buff  cache   si   so    bi    bo   in   cs us sy id wa s
 4  0    140 3625096 334256 3266584   0    0     0    16 1054  470 100 0  0  0
 4  0    140 3625220 334264 3266576   0    0     0    12 1037  448 100 0  0  0
 4  0    140 3624468 334264 3266580   0    0     0   148 1160  632 100 0  0  0
 4  0    140 3624468 334264 3266580   0    0     0     0 1078  527 100 0  0  0
 4  0    140 3624712 334264 3266580   0    0     0    80 1053  501 100 0  0  0
```

图 A-12　两个实例表现出的特征

上面两个例子最明显的差别就是 id 一栏，代表 CPU 的空闲率，复制文件时，id 维持在 50%左右；CPU 大量计算的时，id 基本为 0。

2)　性能检测 CPU

CPU 的占用主要取决于 CPU 上执行的事务类型，如复制文件通常占用较少 CPU，因为大部分工作是由 DMA(Direct Memory Access)完成，只是在完成复制以后给一个中断让 CPU 知道复制已经完成；但科学计算通常占用较多的 CPU，大部分计算工作都需要在 CPU 上完成，内存、硬盘等子系统只做暂时的数据存储工作。

准备知识为操作系统基本知识，如：中断、进程调度、进程上下文切换、可运行队列等。

测试 CPU 的参考依据如下。

通常系统能达到以下目标。

CPU 利用率：如果 CPU 有 100%利用率，那么应该达到这样一个平衡：65%~70% User Time(us)，30%~35% System Time(sy)，0%~5% Idle Time(id)。

上下文切换(cs)：上下文切换应该和 CPU 利用率联系起来看，如果能保持上面的 CPU 利用率平衡，大量的上下文切换是可以接受的。

可运行队列(r)：每个可运行队列不应该有超过 1~3 个线程(每处理器)，比如：双处理器系统的可运行队列里不应该超过 6 个线程。

实例分析(参见图 A-13)：

```
$ vmstat 1
procs -----------memory---------- ---swap-- -----io---- --system-- -----cpu---
 r  b   swpd   free   buff  cache   si   so    bi    bo   in   cs us sy id wa
 4  0    140 2915476 341288 3951700  0    0     0     0  1057  523 19 81  0  0
 4  0    140 2915724 341296 3951700  0    0     0     0  1048  546 19 81  0  0
 4  0    140 2915848 341296 3951700  0    0     0     0  1044  514 18 82  0  0
 4  0    140 2915848 341296 3951700  0    0     0    24  1044  564 20 80  0  0
 4  0    140 2915848 341296 3951700  0    0     0     0  1060  546 18 82  0  0
```

图 A-13　进程执行情况

从上面的数据可以看出几点：

(1)　Interrupts(in)非常高，context switch(cs)比较低，说明 CPU 一直在不停地请求资源；

(2)　system time(sy)一直保持在 80% 以上，而且上下文切换较低(cs)，说明某个进程可能一直占用 CPU；

(3)　run queue(r)刚好在 4 个。

3)　性能检测 Memory

这里的"内存"包括物理内存和虚拟内存。

虚拟内存(Virtual Memory)把计算机的内存空间扩展到硬盘，物理内存(RAM)和硬盘的一部分空间(SWAP)组合在一起作为虚拟内存为计算机提供了一个连贯的虚拟内存空间。

优点：内存"变多了"，可以运行更多、更大的程序。

缺点：把部分硬盘当内存用整体性能受到影响，硬盘读写速度要比内存慢几个数量级，并且 RAM 和 SWAP 之间的交换增加了系统的负担。

SWAP：

是 Linux 下的虚拟内存分区，它的作用是在物理内存用完之后，将磁盘空间(也就是 SWAP 分区)虚拟成内存来使用。

需要注意的是，虽然这个 SWAP 分区能够作为"虚拟"的内存，但它的速度比物理内存要慢很多，大小一般设为物理内存的 2 倍。

案例分析：

某一天，一个客户打电话来需要技术帮助，并抱怨平常 15 秒就可以打开的网页现在需要 20 分钟才可以打开(RedHat)。

性能分析步骤：

首先使用 vmstat 查看大致的系统性能情况，如图 A-14 所示。

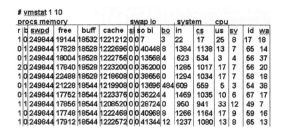

图 A-14　vmstat 命令的执行情况

分析：

(1)　不会是内存不足导致的，因为 swap 始终没变化(si 和 so)。尽管空闲内存不多(free)，但 swpd 也没有变化。

(2)　CPU 方面也没有太大问题，尽管有一些运行队列(procs r)，但处理器还始终有 50% 多的 idle(CPU id)。

(3)　有太多的上下文切换(cs)以及 disk block 从 RAM 中被读入(bi)。

(4)　CPU 还有平均 20%的 I/O 等待情况。

结论：从以上总结出，这是一个 I/O 瓶颈。

2. AIX 系统

```
root@MBUATWEB:/home/root>vmstat

System configuration: lcpu=4 mem=5120MB ent=0.80

kthr    memory           page              faults           cpu
----- ----------- ------------------------ ------------ -----------------------
r  b   avm    fre  re  pi  po  fr   sr  cy  in   sy  cs us sy id wa   pc    ec
1  1 559797 74937   0   0   0   0    0   0  30  552 192  0  1 99  0  0.02   2.2
```

1)　kthr——内核进程的状态

r：运行队列中的进程数。在一个稳定的工作量下，应该少于 5(r<5)。

b：等待队列中的进程数(等待 I/O)。通常情况下是接近 0 的(b=0)。

2)　memory——虚拟和真实内存的使用信息

avm：活动虚拟页面，在进程运行中分配到工作段的页面空间数。

fre：空闲列表的数量。一般不少于 120，当 fre 少于 120 时，系统开始自动删除进程释放空间。

3)　page——页面活动的信息

re：页面 i/o 的列表。

pi：从页面输入的页(一般不大于 5)。

po：输出到页面的页。

fr：空闲的页面数(可替换的页面数)。

sr：通过页面置换算法搜索到的页面数。

cy：页面置换算法的时钟频率。

4) faults——在取样间隔中的陷阱及中断数

in：设备中断。

sy：系统调用中断。

cs：内核进程前后交换中断。

5) cpu——CPU 的使用率

us：用户进程的时间。

sy：系统进程的时间。一般 us+sy 在单用户系统中不大于 90，在多用户系统中不大于 80。

id：CPU 空闲的时间。

wa：等待 i/o 的时间。wa 时间一般不大于 40。

6) 准测

r<5，b≈0

如果 fre 对于 page 列，re，pi，po，cy 维持于比较稳定的状态，PI 率不超过 5，如果有 pagin 发生，那么关联页面必须先进行 pageout 在内存相对紧张的环境下 pagein 会强制对不同的页面进行 steal 操作。如果系统正在读一个大批的永久页面，你也许可以看到 po 和 pi 列会出现不一致的增长，这种情景并不一定表明系统负载过重，但是有必要对应用程序的数据访问模式进行检查。在稳定的情况下，扫描率和重置率几乎相等，在多个进程处理使用不同的页面的情况下，页面会更加不稳定和杂乱，这时扫描率可能会比重置率高出。

faults 列，in、sy、cs 会不断跳跃，这里没有明确的限制，唯一的就是这些值最少大于 100。

cpu 列，us、sys、id 和 wa 也是不确定的，最理想的状态是使 CPU 处于 100%工作状态，但这只适合单用户的情况下。

如果在多用户环境中 us+sys>80，进程就会在运行队列中花费等待时间，响应时间和吞吐量就会下降。wa>40 表明磁盘 io 出现问题，或者对磁盘操作比较频繁。

如果 r 经常大于 4，且 id 经常少于 40，表示 CPU 的负荷很重。

如果 pi、po 长期不等于 0，表示内存不足。

如果 disk 经常不等于 0，且在 b 中的队列大于 3，表示 io 性能不好。disk 显示每秒的磁盘操作(磁盘名字的前两个字母加数字。默认只显示两个磁盘，如果有多的，可以加-n 来增加数字或在命令行下把磁盘名都填上)。

A.6.2　iostat 命令

1. Centos 系统

iostat 是 I/O statistics(输入/输出统计)的缩写，iostat 工具将对系统的磁盘操作活动进行监视。它的特点是汇报磁盘活动统计情况，同时也会汇报 CPU 使用情况。同 vmstat 一样，iostat 也有一个弱点，就是它不能对某个进程进行深入分析，仅对系统的整体情况进行分析。

iostat 的语法如下：

```
iostat [ -c | -d ] [ -k ] [ -t ] [ -v ] [ -x [ device ] ] [ interval [ count ] ]
```

其中，-c 为汇报 CPU 的使用情况；-d 为汇报磁盘的使用情况(不可以和-c 一起使用)；-k 表示每秒按 kilobytes 字节显示数据；-t 为打印汇报的时间；-v 表示打印版本信息和用法；-x device 指定要统计的设备名称，默认为所有的设备；interval 指每次统计间隔的时间；count 指按照这个时间间隔统计的次数。

例：iostat 20 50 -x 1：20 指统计间隔为每 20 秒刷新一次，50 为统计次数为 50 次，-x 表示要统计所有设备，1 表示统计次数为 1 次。此命令的执行结果如图 A-15 所示。

注：指令只采用一个统计次数，以后设定的为主；第一个出现的数字为统计间隔，例如指令中若只有一个数字，则为统计间隔，且无限次刷新。

```
[root@ewp-ebb-app ~]# iostat 20 50 -x 1
Linux 2.6.18-164.el5 (ewp-ebb-app)      06/28/2012

avg-cpu:  %user   %nice %system %iowait  %steal   %idle
           0.05    0.00    0.18    0.01    0.00   99.76

Device:         rrqm/s   wrqm/s   r/s   w/s   rsec/s   wsec/s avgrq-sz avgqu-sz   await  svctm  %util
sda              0.00     0.14  0.02  0.12     0.33     2.06    17.67     0.00    4.29   1.57   0.02
sda1             0.00     0.14  0.02  0.12     0.32     2.06    17.68     0.00    4.28   1.56   0.02
sda2             0.00     0.00  0.00  0.00     0.00     0.00    13.36     0.00    9.72   6.54   0.00
sda3             0.00     0.00  0.00  0.00     0.00     0.00     9.23     0.00    5.01   4.89   0.00
sda4             0.00     0.00  0.00  0.00     0.00     0.00    13.79     0.00   13.81  13.08   0.00
dm-0             0.00     0.00  0.00  0.00     0.00     0.00     7.99     0.00   13.14   3.50   0.00
```

图 A-15　iostat 命令的执行结果(1)

rrqm/s：每秒进行 merge 的读操作数目。即 delta(rmerge)/s

wrqm/s：每秒进行 merge 的写操作数目。即 delta(wmerge)/s

r/s：每秒完成的读 I/O 设备次数。即 delta(rio)/s

w/s：每秒完成的写 I/O 设备次数。即 delta(wio)/s

rsec/s：每秒读扇区数。即 delta(rsect)/s

wsec/s：每秒写扇区数。即 delta(wsect)/s

rkB/s：每秒读 K 字节数。是 rsect/s 的一半，因为每扇区大小为 512 字节。(需要计算)

wkB/s：每秒写 K 字节数。是 wsect/s 的一半。(需要计算)

avgrq-sz：平均每次设备 I/O 操作的数据大小(扇区)。delta(rsect+wsect)/delta(rio+wio)

avgqu-sz：平均 I/O 队列长度。即 delta(aveq)/s/1000 (因为 aveq 的单位为毫秒)。

await：平均每次设备 I/O 操作的等待时间(毫秒)。即 delta(ruse+wuse)/delta(rio+wio)

svctm：平均每次设备 I/O 操作的服务时间(毫秒)。即 delta(use)/delta(rio+wio)

%util：一秒中有百分之多少的时间用于 I/O 操作，或者说一秒中有多少时间 I/O 队列是非空的。即 delta(use)/s/1000 (因为 use 的单位为毫秒)

情景分析 1：

如果%util 接近 100%，说明产生的 I/O 请求太多，I/O 系统已经满负荷，该磁盘可能存在瓶颈。

svctm 一般要小于 await (因为同时等待的请求的等待时间被重复计算了)。

svctm 的大小一般和磁盘性能有关，CPU/内存的负荷也会对其有影响，请求过多也会间接导致 svctm 的增加。

await 的大小一般取决于服务时间(svctm)以及 I/O 队列的长度和 I/O 请求的发出模式。如果 svctm 比较接近 await，说明 I/O 几乎没有等待时间；如果 await 远大于 svctm，说明 I/O 队列太长，应用得到的响应时间变慢，如果响应时间超过了用户可以容许的范围，这时可以考虑更换更快的磁盘，调整内核 elevator 算法，优化应用，或者升级 CPU。

队列长度(avgqu-sz)也可作为衡量系统 I/O 负荷的指标，但由于 avgqu-sz 是按照单位时间的平均值，因此不能反映瞬间的 I/O 洪水。

io/s = r/s+w/s

await=(ruse+wuse)/io(每个请求的等待时间)

await*io/s=每秒内的 I/O 请求总共需要等待的 ms

avgqu-sz=await*(r/s+w/s)/1000(队列长度)

情景分析 2：

如果%util 接近 100%，说明产生的 I/O 请求太多，I/O 系统已经满负荷，该磁盘可能存在瓶颈。

idle 小于 70%，IO 压力就较大了，一般读取速度有较多的 wait。

同时可以结合 vmstat 查看 b 参数(等待资源的进程数)和 wa 参数(IO 等待所占用的 CPU 时间的百分比，高过 30%时 IO 压力高)。

另外还可以参考，一般：

svctm < await (因为同时等待的请求的等待时间被重复计算了)。

svctm 的大小一般和磁盘性能有关，CPU/内存的负荷也会对其有影响，请求过多也会间接导致 svctm 的增加。

await 的大小一般取决于服务时间(svctm)，以及 I/O 队列的长度和 I/O 请求的发出模式。

如果 svctm 比较接近 await，说明 I/O 几乎没有等待时间。

如果 await 远大于 svctm，说明 I/O 队列太长，应用得到的响应时间变慢。

如果响应时间超过了用户可以容许的范围，这时可以考虑更换更快的磁盘，调整内核 elevator 算法，优化应用，或者升级 CPU。

队列长度(avgqu-sz)也可作为衡量系统 I/O 负荷的指标，但由于 avgqu-sz 是按照单位时间的平均值，因此不能反映瞬间的 I/O 洪水。

2. AIX 系统

命令 iostat -d 2 5，其执行结果如图 A-16 所示。

```
root@MBUATWEB:/home/root>iostat -d 2 5

System configuration: lcpu=4 drives=2 paths=1 vdisks=1

Disks:          % tm_act     Kbps      tps    Kb_read   Kb_wrtn
hdisk0            0.0         0.0       0.0        0         0
cd0               0.0         0.0       0.0        0         0

Disks:          % tm_act     Kbps      tps    Kb_read   Kb_wrtn
hdisk0            0.0         0.0       0.0        0         0
cd0               0.0         0.0       0.0        0         0
```

图 A-16　iostat 命令的执行结果(2)

% tm_act：表示物理磁盘处于活动状态的时间百分比(驱动器的带宽使用率)。(以不超过 40%为宜，如果长时间在 90%以上，说明存在磁盘读写的瓶颈)

Kbps：表示以 KB 每秒为单位的传输(读或写)到驱动器的数据量。

Tps：表示每秒钟输出到物理磁盘的传输次数。一次传输就是一个对物理磁盘的 I/O 请求。多个逻辑请求可被合并为对磁盘的一个单一 I/O 请求。

Kb_read：读取的 KB 总数。

Kb_wrtn：写入的 KB 总数。

A.6.3　sar 命令

1. Centos 系统

(1)　命令 sar -u 2 10，查看 CPU，如图 A-17 所示。

```
[root@ewp-ebb-app ~]# sar -u 2 10
Linux 2.6.18-164.el5 (ewp-ebb-app)        06/29/2012

11:02:42 AM    CPU    %user    %nice    %system   %iowait   %steal    %idle
11:02:44 AM    all    0.00     0.00     0.00      0.00      0.00      100.00
11:02:46 AM    all    0.00     0.00     0.00      0.00      0.00      100.00
11:02:48 AM    all    0.00     0.00     0.00      0.00      0.00      100.00
11:02:50 AM    all    0.00     0.00     0.50      0.00      0.00      99.50
11:02:52 AM    all    0.00     0.00     0.00      0.00      0.00      100.00
11:02:54 AM    all    0.00     0.00     0.00      0.00      0.00      100.00
11:02:56 AM    all    0.00     0.00     0.00      0.00      0.00      100.00
11:02:58 AM    all    0.00     0.00     0.00      0.00      0.00      100.00
11:03:00 AM    all    0.00     0.00     0.50      0.00      0.00      99.50
11:03:02 AM    all    0.00     0.00     0.00      0.00      0.00      100.00
Average:       all    0.00     0.00     0.10      0.00      0.00      99.90
```

图 A-17　sar 命令的执行结果(1)

图 A-17 中显示的内容包括以下几项。

%user：CPU 处在用户模式下的时间百分比。

%nice：CPU 处在带 NICE 值的用户模式下的时间百分比。

%system：CPU 处在系统模式下的时间百分比。

%iowait：CPU 等待输入输出完成时间的百分比。

%steal：管理程序维护另一个虚拟处理器时，虚拟 CPU 的无意识等待时间百分比。

%idle：CPU 空闲时间百分比。

在所有的显示中，我们应主要注意%iowait 和%idle，%iowait 的值过高，表示硬盘存在 I/O 瓶颈，%idle 值高，表示 CPU 较空闲，如果%idle 值高但系统响应慢时，有可能是 CPU 等待分配内存，此时应加大内存容量。%idle 值如果持续低于 10，那么系统的 CPU 处理能力相对较低，表明系统中最需要解决的资源是 CPU。

(2)　命令 sar -r 1 3，查看内存使用百分比%memused(参见图 A-18)。

```
[root@ewp-ebb-app ~]# sar -r 1 3
Linux 2.6.18-164.el5 (ewp-ebb-app)        06/29/2012

11:00:20 AM kbmemfree kbmemused %memused kbbuffers kbcached kbswpfree kbswpused %swpused kbswpcad
11:00:21 AM   632564    394304   38.40     82816   152652  2104392    112      0.01      108
11:00:22 AM   632564    394304   38.40     82816   152652  2104392    112      0.01      108
11:00:23 AM   632564    394304   38.40     82816   152652  2104392    112      0.01      108
Average:      632564    394304   38.40     82816   152652  2104392    112      0.01      108
```

图 A-18　sar 命令的执行结果(2)

2. AIX 系统

命令 sar -d 2 5，看%busy(参见图 A-19)。

%busy 对应的% tm_act。

avque 表示等待 IO 对列数，其值很高则预示着磁盘有较大瓶颈。

r+w/s 对应 tps，blks/s 是按 0.5Kbytes/s 计算的传输速度。

avwait、avserv 不执行，总是设置为 0.0。

sar -d 最大的好处是可以对较长时间的值有一个总体平均值。

```
root@MBUATWEB:/home/root>sar -d 2 5

AIX MBUATWEB 1 6 00F6B51D4C00    07/02/12

System configuration: lcpu=4 drives=2 ent=0.80 mode=Uncapped

10:27:29   device    %busy   avque   r+w/s   Kbs/s   avwait   avserv

10:27:31   hdisk0      0     0.0       0       0      0.0      0.0
           cd0         0     0.0       0       0      0.0      0.0


10:27:33   hdisk0      0     0.0       0       0      0.0      0.0
           cd0         0     0.0       0       0      0.0      0.0


10:27:35   hdisk0      0     0.0       0       0      0.0      0.0
           cd0         0     0.0       0       0      0.0      0.0
```

图 A-19　sar 命令的执行结果(3)

A.6.4　free&svmon 命令

1. Centos 系统

free 命令相对于 top 提供了更简洁的方式以查看系统内存使用情况(参见图 A-20)。

```
$ free
        total      used      free    shared   buffers    cached
Mem:   255268    238332     16936        0     85540    126384
-/+ buffers/cache:         26408    228860
Swap: 265000        0    265000
```

图 A-20　free 命令的执行结果(1)

数据说明如下。

(1)　Mem：表示物理内存统计。

(2)　-/+ buffers/cached：表示物理内存的缓存统计。

(3)　Swap：表示硬盘上交换分区的使用情况，这里我们不去关心。

系统的总物理内存：255268Kb(256M)，但系统当前真正可用的内存并不是第一行 free 标记的 16936Kb，它仅代表未被分配的内存。

我们使用 total1、used1、free1、used2、free2 等名称来代表上面统计数据的各值，1、2 分别代表第一行和第二行的数据。

● total1：表示物理内存总量。

- used1：表示总计分配给缓存(包含 buffers 与 cache)使用的数量，但其中可能部分缓存并未实际使用。
- free1：未被分配的内存。
- shared1：共享内存，一般系统不会用到，这里也不讨论。
- buffers1：系统分配但未被使用的 buffers 数量。
- cached1：系统分配但未被使用的 cache 数量。
- used2：实际使用的 buffers 与 cache 总量，也是实际使用的内存总量。
- free2：未被使用的 buffers 与 cache 和未被分配的内存之和，这就是系统当前实际可用内存。

可以整理出如下等式：

```
total1 = used1 + free1
total1 = used2 + free2
used1  = buffers1 + cached1 + used2
free2  = buffers1 + cached1 + free1
```

默认内存单位是 KB，可以加上参数-m，内存单位变成 M(参见图 A-21)。

图 A-21　free 命令的执行结果(2)

2. AIX 系统

svmon 命令的执行结果如图 A-22 所示。

图 A-22　svmon 命令的执行结果

inuse：已使用的。

free：空闲的。

pin："钉"在内存中的内存段(笔者认为这不是固定内存段)。

virtual：虚拟内存段。

work：工作内存段。

pers：固定内存段。

other：mapping 和 real mapping memory。

PageSize：不同内存页大小的统计情况，s 为常规页面，大小为 4KB；m 为大页面，大小为 64KB。

pgsp：分页空间的使用情况。

注意：在段的描述中，如果 paging space 使用的节中有一横(－)，表明该段未使用交换区，work 段可能使用交换区，但 persistent 段和 client 段不会使用交换区。

A.6.5　top & topas 命令

1. Centos 系统

top 可以查看进程活动状态以及一些系统状况。

top 命令的执行情况如图 A-23 所示。

```
[root@ewp-ebb-app mnt]# top
top - 17:27:53 up 43 days,  8:14,  1 user,  load average: 0.00, 0.00, 0.00
Tasks:  60 total,   2 running,  58 sleeping,   0 stopped,   0 zombie
Cpu(s):  0.0%us,  0.0%sy,  0.0%ni,100.0%id,  0.0%wa,  0.0%hi,  0.0%si,  0.0%st
Mem:   1026868k total,   302088k used,   724780k free,    48248k buffers
Swap:  2104504k total,      112k used,  2104392k free,    95160k cached

 PID USER      PR  NI  VIRT  RES  SHR S %CPU %MEM    TIME+  COMMAND
    1 root      15   0 10348  692  584 S  0.0  0.1  0:01.82 init
    2 root      RT  -5     0    0    0 S  0.0  0.0  0:00.00 migration/0
    3 root      34  19     0    0    0 S  0.0  0.0  0:00.00 ksoftirqd/0
    4 root      10  -5     0    0    0 S  0.0  0.0 24:11.79 events/0
    5 root      10  -5     0    0    0 S  0.0  0.0  0:00.01 khelper
   14 root      10  -5     0    0    0 S  0.0  0.0  0:00.01 kthread
   18 root      10  -5     0    0    0 S  0.0  0.0  0:05.33 kblockd/0
   19 root      20  -5     0    0    0 S  0.0  0.0  0:00.00 kacpid
  201 root      20  -5     0    0    0 S  0.0  0.0  0:00.00 cqueue/0
  204 root      10  -5     0    0    0 S  0.0  0.0  0:00.00 khubd
  206 root      10  -5     0    0    0 S  0.0  0.0  0:00.00 kseriod
  271 root      25   0     0    0    0 S  0.0  0.0  0:00.00 pdflush
  272 root      15   0     0    0    0 S  0.0  0.0  0:11.83 pdflush
  273 root      10  -5     0    0    0 S  0.0  0.0  0:00.94 kswapd0
  274 root      20  -5     0    0    0 S  0.0  0.0  0:00.00 aio/0
  480 root      11  -5     0    0    0 S  0.0  0.0  0:00.00 kpsmoused
  510 root      10  -5     0    0    0 S  0.0  0.0  0:00.08 mpt_poll_0
  511 root      20  -5     0    0    0 S  0.0  0.0  0:00.00 scsi_eh_0
  514 root      20  -5     0    0    0 S  0.0  0.0  0:00.00 ata/0
  515 root      20  -5     0    0    0 S  0.0  0.0  0:00.00 ata_aux
  520 root      20  -5     0    0    0 S  0.0  0.0  0:00.00 kstriped
  529 root      20  -5     0    0    0 S  0.0  0.0  0:00.00 ksnapd
  538 root      10  -5     0    0    0 S  0.0  0.0  0:34.35 kjournald
  563 root      11  -5     0    0    0 S  0.0  0.0  0:00.00 kauditd
  596 root      21  -4 12664  852  408 S  0.0  0.1  0:01.00 udevd
 1214 root      12  -5     0    0    0 S  0.0  0.0  0:00.00 kgameportd
 1871 root      12  -5     0    0    0 S  0.0  0.0  0:00.00 kmpathd/0
 1872 root      12  -5     0    0    0 S  0.0  0.0  0:00.00 kmpath_handlerd
 1910 root      10  -5     0    0    0 S  0.0  0.0  0:00.00 kjournald
 1912 root      10  -5     0    0    0 S  0.0  0.0  0:00.00 kjournald
```

图 A-23　top 命令的执行情况(1)

统计信息区前六行是系统整体的统计信息。

第一行是任务队列信息，同 uptime 命令的执行结果。其内容如下：

17:27:53	当前时间
up 39 days, 23:12	系统运行时间，格式为天，时:分
1 users	当前登录用户数
load average: 0.00, 0.00, 0.00	系统负载，即任务队列的平均长度。 三个数值分别为 1 分钟、5 分钟、15 分钟前到现在的平均值

第二、三行为进程和 CPU 的信息。当有多个 CPU 时，这些内容可能会超过两行。内容如下：

Tasks: 60 total	进程总数
2 running	正在运行的进程数
58 sleeping	睡眠的进程数
0 stopped	停止的进程数
0 zombie	僵尸进程数
Cpu(s): 0.0% us	用户空间占用 CPU 百分比
0.0% sy	内核空间占用 CPU 百分比
0.0% ni	用户进程空间内改变过优先级的进程占用 CPU 百分比
100% id	空闲 CPU 百分比
0.0% wa	等待输入输出的 CPU 时间百分比

最后三行为内存信息。内容如下：

Mem:1026868k total	物理内存总量
302088k used	使用的物理内存总量
724780k free	空闲内存总量
48248k buffers	用作内核缓存的内存量
Swap: 2104504k total	交换区总量
112k used	使用的交换区总量
2104392k free	空闲交换区总量
95160k cached	缓冲的交换区总量。 内存中的内容被换出到交换区，而后又被换入到内存，但使用过的交换区尚未被覆盖，该数值即为这些内容已存在于内存中的交换区的大小。 相应的内存再次被换出时可不必再对交换区写入

命令 top -b -d 1 -n 5 |awk '/^Cpu/ {now=strftime("%I:%M:%S", systime());print now ": "
$0}'查看 cpu 的%id(参见图 A-24)。

```
[root@ewp-ebb-app ~]# top -b -d 1 -n 5 |awk '/^Cpu/ {now=strftime( "%I:%M:%S", systime() );print now ": " $0}'
02:05:30: Cpu(s):  0.0%us,  0.1%sy,  0.0%ni, 99.8%id,  0.0%wa,  0.0%hi,  0.0%si,  0.0%st
02:05:31: Cpu(s):  0.0%us,  0.0%sy,  0.0%ni,100.0%id,  0.0%wa,  0.0%hi,  0.0%si,  0.0%st
02:05:32: Cpu(s):  0.0%us,  0.0%sy,  0.0%ni,100.0%id,  0.0%wa,  0.0%hi,  0.0%si,  0.0%st
02:05:33: Cpu(s):  1.0%us,  0.0%sy,  0.0%ni, 99.0%id,  0.0%wa,  0.0%hi,  0.0%si,  0.0%st
02:05:34: Cpu(s):  0.0%us,  0.0%sy,  0.0%ni,100.0%id,  0.0%wa,  0.0%hi,  0.0%si,  0.0%st
```

图 A-24　top 命令的执行情况(2)

2. AIX 系统

Topas 命令的执行情况如图 A-25 所示。

```
Topas Monitor for host:    MBUATWEB          EVENTS/QUEUES      FILE/TTY
Fri Jun 29 16:15:54 2012   Interval: 2       Cswitch    201     Readch      189
                                             Syscall    245     Writech    1291
CPU    User%  Kern%  Wait%  Idle%  Physc  Entc Reads       1     Rawin        0
ALL     0.1    1.8    0.0   98.1   0.03   3.2  Writes     13     Ttyout     189
                                             Forks       0     Igets        0
Network  KBPS  I-Pack  O-Pack  KB-In  KB-Out Execs       0     Namei       14
Total    3.4   27.5    3.0     3.0    0.5    Runqueue  0.0     Dirblk       0
                                             Waitqueue 0.0
Disk    Busy%   KBPS    TPS  KB-Read KB-Writ                   MEMORY
Total    0.0    0.0     0.0   0.0     0.0    PAGING            Real,MB   5120
                                             Faults      0     % Comp      43
FileSystem   KBPS   TPS  KB-Read KB-Writ     Steals      0     % Noncomp   51
Total        0.2   1.0   0.2     0.0         PgspIn      0     % Client    51
                                             PgspOut     0
Name      PID    CPU%  PgSp Owner            PageIn      0     PAGING SPACE
topas   4980864   0.0   4.2 root             PageOut     0     Size,MB   10240
sshd    7602268   0.0   3.9 root             Sios        0     % Used       0
vmmd     458766   0.0   1.2 root                               % Free     100
syncd   1966234   0.0   0.6 root             NFS (calls/sec)
java    4128974   0.0  86.2 root             SerV2       0     WPAR Activ   0
beam.smp 8061112  0.0  66.8 root             CliV2       0     WPAR Total   0
getty   6684724   0.0   0.6 root             SerV3       0     Press: "h"-help
gil     1179684   0.0   0.9 root             CliV3       0            "q"-quit
xmgc     851994   0.0   0.4 root
clcomd  4194460   0.0   3.9 root
httpd   7733268   0.0   0.6 nobody
```

图 A-25　Topas 命令的执行情况

(1) CPU 的利用率通过 100%-Idle%反映。

(2) I/O 繁忙程度通过 Busy%反映。

(3) MEMORY 的%Comp、%Noncomp、%Client 含义如下。

MEMORY 部分显示的是实际内存和在使用中的内存。Real,MB 是以 M 为单位的实际
内存。%Comp 是当前分配给计算分页片段的内存占实际内存的百分比。计算分页片段由分
页空间产生。%Nocomp：当前分配非计算分页片段的内存占实际内存的百分比。非计算分
页片段包括那些文件空间，数据文件、可执行文件、或者共享库文件。%Client 是当前分配

给用来缓冲远程挂载文件的内存占实际内存的百分比。

A.6.6　ps 命令

1. Centos 系统

(1)　要查看该进程是否仍在运行，可以输入：ps -ef | grep nmon，其执行结果如下。

```
[root@ewp-ebb-app ~]# ps -ef | grep nmon
root     21639 21580  0 14:24 pts/0    00:00:00 ./nmon      运行时
root     21699 21674  0 14:25 pts/1    00:00:00 grep nmon
[root@ewp-ebb-app ~]# ps -ef | grep nmon
root     21629 21580  0 14:17 pts/0    00:00:00 grep nmon   停止运行
```

下面对命令选项进行说明。

- -e：显示所有进程。
- -f：全格式。
- -l：长格式。
- a：显示终端上的所有进程，包括其他用户的进程。
- r：只显示正在运行的进程。

若想提前停止监控，可以使用命令杀掉进程。杀掉进程有两种方法。

方法一：killall nmon

方法二：查看带有 nmon 的在运行的进程：ps –ef|grep nmon

找到要杀死的进程号，以 9 为例，要杀死进程号为 9 的进程，使用命令 kill 9。

(2)　命令 ps gv | head -n 1; ps gv | egrep -v "RSS" | sort +6b -7 -n -r，其执行结果如下：

```
[root@ewp-ebb-app ~]# ps gv | head -n 1; ps gv | egrep -v "RSS" | sort +6b -7 -n -r
  PID TTY      STAT   TIME MAJFL   TRS   DRS   RSS %MEM COMMAND
21637 pts/0    S+     0:00      0    47 109068  664  0.0 sort +6b -7 -n -r
 2820 tty6     Ss+    0:00      0    10  3781   488  0.0 /sbin/mingetty tty6
 2819 tty5     Ss+    0:00      0    10  3781   488  0.0 /sbin/mingetty tty5
 2818 tty4     Ss+    0:00      0    10  3781   492  0.0 /sbin/mingetty tty4
 2817 tty3     Ss+    0:00      0    10  3781   488  0.0 /sbin/mingetty tty3
 2816 tty2     Ss+    0:00      0    10  3781   488  0.0 /sbin/mingetty tty2
20832 tty1     Ss+    0:00      0    10  3781   488  0.0 /sbin/mingetty tty1
21635 pts/0    R+     0:00      0    74 63401   840  0.0 ps gv
21580 pts/0    Ss     0:00      0   710 65309  1532  0.1 -bash
```

2. AIX 系统

(1)　命令 ps gv | head -n 1; ps gv | egrep -v "RSS" | sort +6b -7 -n -r，其执行结果如下：

```
root@MBUATWEB:/home/root>ps gv | head -n 1; ps gv | egrep -v "RSS" | sort +6b -7 -n -r
   PID    TTY STAT  TIME PGIN  SIZE   RSS   LIM  TSIZ   TRS %CPU %MEM COMMAND
3866746   - A  18:47    8 93992 94020    xx    14    28  0.0  2.0 ./slp_s
8061112   - A  49:10   48 87752 91400    xx  2669  3648  0.0  2.0 /opt/fr
4128974   - A  50:19 2682 88300 88392    xx    79    92  0.0  2.0 /var/op
6553702   - A   3:31    3 79180 79324    xx    91   144  0.0  2.0 /var/ww
6750450   - A  24:43 2747 43140 43212 32768    69    72  0.0  1.0 /usr/ja
5243066   - A   1:11  619 28724 28776    xx    32    52  0.0  1.0 [cimserve]
6095090   - A   6:03  333  9468 10220    xx   555   752  0.0  0.0 /usr/sb
8847524   - A   0:21    0  9440  9784    xx   314   620  0.0  0.0 /usr/IB
6029346   - A   0:21    0  8840  9176    xx   314   620  0.0  0.0 /usr/IB
3407966   - A   0:07    0  7400  7736    xx   314   620  0.0  0.0 /usr/IB
4325548   - A   0:16    1  7172  7228    xx    34    56  0.0  0.0 /usr/bi
4718744   - A   0:55   10  7000  7072    xx    50    72  0.0  0.0 /opt/ib
```

(2) 其他同 Centos 系统。